農業政策の変遷と自治体
－財政からみた農業再生への課題

COPA BOOKS
Councillors' Organization for Policy Argument

石原 健二
（農学博士）

イマジン出版

産業災害の防止

目　次

1　農業政策の変遷 …………………………………………………… 1
　①農業政策の始まりは1900年から ……………………………… 2
　②大正の米騒動と世界農業恐慌 ………………………………… 4
　③戦争直後は食糧増産 …………………………………………… 6
　④高度経済成長と農業基本法（1960年代）…………………… 7
　⑤産業構造の変化と農業（70年代後半）……………………… 8
　⑥担い手育成の構造政策へ（90年以後）……………………… 9

2　米政策の転換 ……………………………………………………13
　①生産調整と備蓄による価格の調整 ……………………………15
　②「あるべき米政策」と政策の縮小 ……………………………17
　③品目横断的経営安定対策と価格政策の消滅─米価の下落 ………21

3　農業の公共事業の展開 …………………………………………27
　①農業農村整備事業の発足 ………………………………………28
　②補助金の削減と地方債充当による公共事業 …………………29
　③補正予算による事業の拡大─UR対策と農業生産基盤整備事業 …33
　④農業集落排水事業と農道整備事業 ……………………………37

4　自治体の農業経費 ………………………………………………43
　①変化の激しい農業関係費 ………………………………………44
　②農地費に依存してきた都道府県の農業関係費 ………………45
　③財政逼迫と市町村合併 …………………………………………50

5 農業生産額と農業生産所得の現状 …………………57
　①農家所得・農業所得の推移 …………………59
　②主業農家と準主業農家、副業的農家の分類 …………62
　③地域別特徴と農業所得・年金等収入の動向 …………66
　④農業生産組織と集落の後退 …………………69

6 農業政策はこれでよいのか―心配な改正農地法 …………79

著者紹介………………………………………………84
コパ・ブックス発刊にあたって………………………85

農業政策の変遷

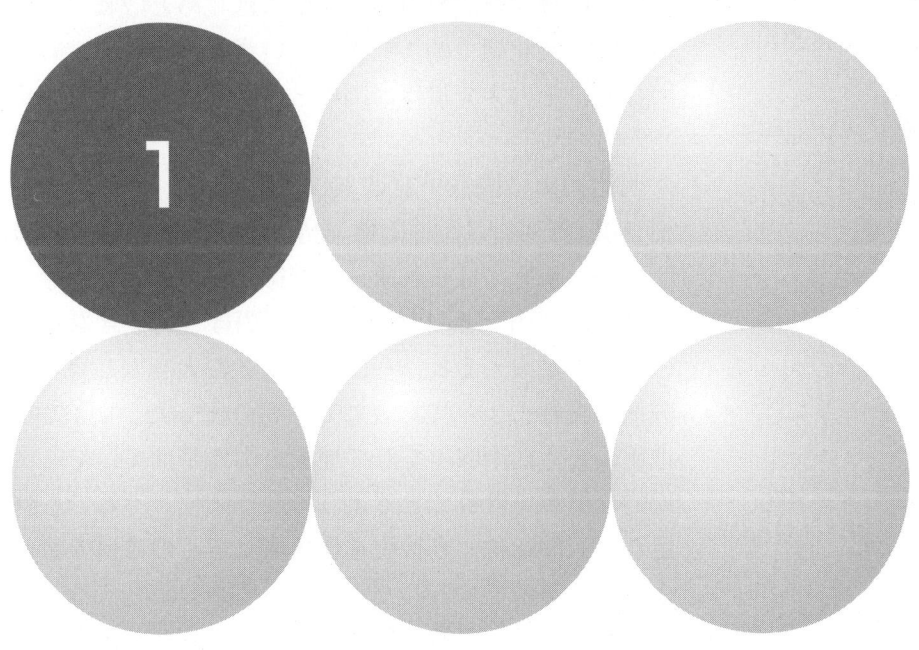

1. 農業政策の変遷

 ## 農業政策の始まりは 1900年から

　日本の経済財政政策は、明治のはじめと敗戦後、非常に似通った状態で始まります。いずれの時も国に財政力がなく、その中で世界の国々と競わなければならなかったからです。

　明治初めの国家予算は3000万円ほど。徳川幕府から引き継いだ収入は、「旧慣ニ仍リ」廃藩置県後も各藩の財政には手をつけられず、直轄領と会津藩、庄内藩の上がりと金鉱山などの収入で300万円ほどに過ぎなかったのです。足らざるところは大阪などの大商人と海外での国債の発行により埋め合わせておりました。明治6年の地租改正も西南戦争を経て地租を引き下げて、やっと定期的な財源を計算できるようになります。それでも到底足らず、間接税、直接税を含め取れるものは何でもとるようになるのです。したがって、農業政策どころではなかったのです。農業は税源ではありましたが、支出の対象ではなかったのです。それが多少財政に余裕が生まれ、近代的な産業振興のほかに必要な政策が行われるようになるのは1900年以後のことです。

　19世紀末、日清戦争により賠償金として3億5000万円を受けます。この金額は当時の一般会計予算の4倍から5倍の額だったのです。これによって明治政府は年来

の外国からの借り入れを返済し、金本位制を成立させ世界市場に乗り出します。多少の余裕が出来、近代化の遅れていた分野への政策を講じることが出来るようになったのです。教育などもそのひとつで旧制中学などの整備はこのときからです。

　始まった農業政策の特徴は、農業団体の整備から行ったところです。

　1899年にまず、地主の団体として農会を集落に置き、自作農と自小作農を中心に1900年に産業組合を組織します。今の農協の前進の協同組合です。このときから日本の農業政策はつい最近まで、集落を単位として行われてきたのです。それは行政組織と同様で、政府が直接農業者に対して政策を実施するのではなく、集落の農業団体を通じ行うこととしたのです。これにはいろいろな事情があったのでしょうが、特に農業においては自作農中心の資本主義的な体制が確立していず、政策の対象を特定出来ませんでした。農業の中心が米作であることから水利用の問題は集落がまとまりとなっていて、しかもその集落は内部が旧来の地主、自作、自小作、雇用人などが並存し、小作料は現物納となっていたことなどから、江戸時代からの集落機能を活用した行政となったのです。農会は県や国の農業技術者を使い新しい農業技術導入と生産性の向上に努め、他方、自作農などは集落機能を生かして産業組合で、互助協同の活動をもとに生産を維持することとしたのです。しかし、新たな農業政策としては、農業融資を目的とした農業銀行などの設立などで目新しいものはありませんでした。

大正の米騒動と世界農業恐慌

　農業政策が国の主要な政策として位置づけられてくるのは大正時代にはいってから、米騒動以後のことです。第一次大戦後、ロシア革命などに触発され、日本においても労働運動が盛んになる中で、米価格の高騰に端を発し、米屋を市民が襲う騒動が、富山県の漁村から瞬く間に全国に広まったのです。これを機に米価格の安定を目的とした米穀価格政策が講じられるようになります。政府による米市場への介入ですが、価格低落の折の政府による米の買い上げや、市場価格高騰の際の米の放出によって価格の維持を図る制度を導入します。また、朝鮮や台湾での米の生産振興を行って、移入米による価格調整などをすることとなります。米政策はここが始まりです。

　また小作料が現物納であることもあって、たとえ米価が上がっても小作にとっては負担の軽減にはならず、他方、地主は実質地租の軽減と高い米価の恩恵を独り占めできたのです。小作料と小作地を巡る小作争議が頻発し、農業問題は社会問題化して行きます。

　これに追い討ちをかけるように世界的な農業恐慌が起こります。スタインベックの「怒りのぶどう」に表現されているように、農業の機械化が進展する中で、生産性が向上し供給が増加し、農産物価格が下がる中で生産資材価格が企業による独占価格で下がらず、いくら作っても農家は赤字という状態となったのです。日本ではアメリカへの生糸価格の暴落に始まり、米価格の暴落が続いたのです。ここで行われたのが、時の大蔵大臣高橋是清

による「時局匡救事業」という救農土木事業と農村経済厚生運動です。1931年の時局匡救急事業は、ケインズが1936年彼の『一般理論』で展開した「有効需要」創出理論を、5年も前に実際行ったこととして有名です。救農土木事業は疲弊した農村を救うのに、最近麻生内閣が09年の春に行ったようなお金を交付するのではなく、とりあえずは赤字国債によって農村に土地基盤整備事業を実施し、そこで農家が働いて労賃を得るようにしたのです。もちろん資材などの需要が増加するのはいうまでもありません。小作の人も組合を組織させ、ここで集落残らず参加できるようにしています。赤字国債は経済状態が回復したところで、増加した税金で買い取るというものです。

　農村経済厚生運動は、石油・石炭など目覚しい工業化学の発展によって副産物として生産される肥料・農薬などを農業に供給するのに、従来の肥料問屋などが容易に応じないため、産業組合を使って化学肥料などの資材の普及に努め、生産性向上をはかった事業です。

　農業恐慌に対する対策は、このように価格政策のみならず地域政策としても講じられたのですが、同時期にヨーロッパやアメリカでも農業政策は大きく変わっています。アメリカでも30年代初め大統領がフランクリン・ルーズベルトに代わり、36年AAA法（農業調整法）、総合地域開発政策などを、いずれもこの時代に成立させています。これもやはり、農産物価格の維持と国による食料の確保が主題でした。アメリカは今もこの制度が生きていて、国内農業の維持と過剰となったものの輸出をしています。

　このあと、日本の場合は1936年ごろから統制経済に入っていきますが、戦争が始まった翌年の1942年、米

1. 農業政策の変遷

は食糧管理制度となります。この制度は農家が作った米はすべて国に売り渡す義務を課し、価格は限界地の再生産価格で国が買う。消費者には国が家計費を参酌して安く売り、差額は国が負担するもので、この制度は、曲がりなりにも1994年まで続いていたものです。地主小作関係にも配慮し、米の政府買入価格は不在地主と自作と小作には差をつけ、不在地主は安く買うことにしていました。これによって国内食糧の確保を図ったのです。

3 戦争直後は食糧増産

　第二次世界大戦後の経済状態は、明治維新のときと同じようになります。国の生産力は極端に落ち、財政力もなくなります。1948年の農地改革による小規模ながらの自作農の成立は、アーサー・ヤングのいう「砂地をも黄金となす」如く、農家の増産意欲を高めますが、それに乗じて農家には特別所得税を課し、かなり税金はきつくしています。1951年まで戦後の統制経済は続き、戦前の農民運動は小作地関係と米価格が問題でしたが、ここでは税金闘争になったほどでした。

　敗戦後の農業政策は食料不足の解消が緊急の課題であり、復員・引揚者などによる人口増もあり、食糧の増産が緊急の課題でした。干拓や開拓が進められますが思うようには行きませんでした。これもMSA小麦をはじめ輸入食糧が確保されるに伴い、統制経済が解かれると食管制度の廃止も叫ばれるようになります。そして、53年には畑作物の転換が行われます。これは、麦をはじめ輸入農産物関連の大豆、菜種、馬鈴薯、芋などが作付け

を制限され、麦の政府買入価格はパリティ価格による算定になり、低く抑えられるようになります。高度成長前の農業政策は、農業予算も縮小にかかっており、ほとんど目立った政策はありませんでした。

高度経済成長と農業基本法（1960年代）

　戦後の経済復興は、「傾斜生産方式」などといわれるようにエネルギー産業の復興・育成と重化学工業の振興を中心に行われ、1960年代を迎えて、「新産業都市建設」など地域開発が活発となります。「所得倍増論」とともに、都市への人口の集中と都市と農村の地域格差・所得格差が問題となってきます。ヨーロッパではヨーロッパ共同体結成に当たり、各国が課題としていた農業政策の見直しがされ、ドイツ、フランスでは新たな農業基本法が成立しているところでした。日本でもこのときを捉え1961年、「農業基本法」を成立させます。農業基本法では、農村と都市の所得格差の是正、米麦など穀物から畜産、果樹・園芸への選択的拡大、自立経営農家の育成、農業者への年金の導入など、福祉政策の確立を含めた広範な政策が示されることとなりました。これによってそれまで抑えられてきた米価をはじめ農産物価格は、各種価格支持制度の創設とともに引き上げられることになったのです。

　しかし、農業基本法は農業者の要望だけで成立したものではありません。財界が国内農産物の自給を図ることにより外貨を節約することを望んでいたのです。60年前後の日本の外貨準備高はおよそ18億ドルから20億ド

ルほどで、せっかく稼いだ外貨の3分の1を食糧など農産物の輸入に使っていたのです。経済成長は原材料の輸入が出来なくなるところで、すなわち、外貨が切れるところでとまってしまうのです。そこで食料自給が求められ、食料輸入を減らすこととなったのです。食糧生産を喚起するため農産物価格が引き上げられ、米は63年には80万tも輸入していましたから、まず、政府が買う米価を引き上げていったのです。この効果はすぐに現れます。米の生産量は67, 68年に1545万t、69年1400万tとなり、政府の在庫が580万tにもなります。続く69年から稲作転換事業による生産制限を行い、70年からは本格的な生産調整に入ることになります。食料自給の理由が外貨の確保であったことは、輸出が伸び外貨の心配がなくなれば、食糧は賃金に最も影響のあるものですから安いにこしたことはありません。経済成長とともに財界は農産物の輸入を主張し、輸入が増えてくるのです。

産業構造の変化と農業（70年代後半）

　国の経済における農業の役割は、企業にとっては特に、安定的でかつ価格の安い農産物を供給することです。働く人たちも同じかもしれません。しかし、日本の農業はもうひとつの役割があったのです。それは景気変動とともに生じる労働力の調整弁という役目です。高度経済成長は製造業、主として重化学工業が中心で行われましたが、景気がよいときは農村から人が出て行き、悪くなると戻るということになっていました。それが農業にとっては兼業の基礎となり、企業にとっては安く雇え

る要因になっていたのです。農産物の自由化は安い農産物を提供しましたが、労働力の調整はなかなか困難な問題であったのです。したがって、政府の農業政策はこの面で、価格政策など何らかの施策が常に必要とされていたのです。それが70年代の後半、第一次オイルショック後、日本の産業構造が変わります。重厚長大から軽薄短小へといわれますが、それまでの重化学産業中心の産業形態からIT化へと変化し、額に汗して働く労働から指先の労働となります。労働力の調整は第1次産業と第2次産業との間で行われるのではなく、主として女性を含めた若い労働力と、第2次産業と第3次産業との間で行われることとなります。農業の労働力は必要とされなくなるのです。

　このとき参議院選挙で始めて比例代表制が導入されますが、農業政策はここから後退していきます。80年代のはじめに土光臨調が活躍しますが、財政縮減の対象は農業、とくに米と国鉄、健康保険でした。農業予算は89年の「財政再建」終了のとき、ほぼ9年間で1兆円の削減となっています〈表1〉。

担い手育成の構造政策へ（90年以後）

　90年代になると日本の経済は輸出主導型の成長を続け、円高の下で内需拡大をアメリカから求められます。日米構造協議ではいわゆる「公共投資基本計画」で480兆円の公共投資を義務づけられます。農業では93年にガット・ウルグアイラウンドの農業合意がされ、翌年からWTO体制に移りますが、これより先92年に政府は

〈表1〉 国家予算にしめる農林予算の変化　　　　　（単位：億円，%）

年度	A 一般会計歳出	B 一般歳出	C 農林水産総額	D 農業関係	C/A	C/B	D/B
1970	82,131	61,540	9,921	8,851	12.1	161.0	14.4
1975	208,372	164,266	22,892	20,000	11.0	13.9	12.2
1980	436,814	303,610	37,765	31,080	8.6	12.4	10.2
1985	532,229	333,523	33,895	27,174	6.4	10.2	8.1
1990	696,512	392,711	33,009	25,188	4.7	8.4	6.4
1991	706,135	392,769	34,198	25,716	4.8	8.7	6.5
1992	714,897	421,043	37,525	27,798	5.2	8.9	6.6
1993	774,375	492,752	46,030	37,360	5.9	9.3	7.6
1994	734,052	462,114	39,677	33,558	5.4	8.6	7.3
1995	780,340	499,001	45,999	34,251	5.9	9.2	6.8
1996	777,712	457,574	40,950	30,947	5.3	8.9	6.7
1997	773,900	438,060	35,922	29,226	4.6	8.2	6.1
1998	879,915	555,368	45,555	32,771	5.1	8.2	5.9
1999	890,189	540,452	39,843	29,390	4.4	7.3	5.4
2000	897,702	524,952	38,969	29,481	4.6	7.4	5.6
2001	837,133	507,237	35,313	26,976	4.2	6.9	5.3
2002	836,884	511,493	34,713	25,462	4.1	6.8	5.0
2003	819,396	484,584	32,406	24,326	3.9	6.7	5.0
2004	868,787	509,381	32,723	24,267	3.8	6.4	4.8
2005	867,048	496,439	30,809	22,559	3.5	6.1	4.5
2006	834,583	478,423	29,245	21,393	3.5	6.1	4.5

資料：農林水産省予算課資料により作成。
注：1. Bの一般歳出は一般会計歳出から国債費・地方交付税交付金を除いた政策的経費。DはCから林業・漁業・その他を引いた農業関係経費。2000年以後は概算。
　　2. 補正後予算
　　3. 87年以降はNTT分を含む

　「新農政」を発表し、これからの農業政策は認定農業者と法人に対象を絞ることを宣言します。明治から続いてきた集落中心の農業施策から直接農家への政策に変じたのです。ここから、従来集落を基盤としてきた農業団体中心の農業施策は徐々に姿を消し、農協をはじめ農業委員会や土地改良区などの農業団体の機能も縮小してきます。農業政策は担い手といわれる農業者の育成に焦点が当てられ、構造政策に集約していきます。

　したがって、WTO後のガット・ウルグアイラウンド農業対策（UR対策）は、日米構造協議もあり農業の公共事業で進められます。UR対策は6年間で6兆100億

〈表2〉 農林予算における食管、公共事業、一般事業の構成の推移

(単位：億円，％)

項目 年度	農業予算	食管関係		農業基盤整備	割合（％）						
		食管繰入	稲作転換		生活流通対策費	農業構造改善	農業保険	金融	経営対策	生産対策	農村振興対策
		(A)	(B)	(C)	(D)	(E)	(F)	(G)	(H)	(I)	(J)
1975	20,000	40.6	5.3	20.5	11.8	4.1	4.1	1.9			
1980	31,083	19.6	9.7	28.9	10.5	6.5	9.4	3.4			
1985	27,174	16.8	8.8	32.3	9.5	7.3	5.8	5.9			
1990	25,188	9.2	6.9	40.7	7.7	7.3	5.5	5.8			
1991	25,716	8.1	6.7	41.6	9.8	7.3	5.5	5.2			
1992	27,798	7.4	5.2	46.4	9.6	7.6	5.0	5.0			
1993	37,360	5.6	2.7	44.4	7.7	8.2	3.9	4.3			
1994	33,558	5.7	2.2	43.7	8.5	8.4	4.5	5.1			
1995	34,251	5.3	2.6	50.7	9.4	9.4	4.5	3.7			
1996	30,947	5.7	4.3	49.9	9.8	8.5	4.9	4.4			
1997	29,226	5.9	4.6	46.1	10.9	9.0	5.0	4.2			
1998	32,771	9.6	1.0	42.6	12.2	10.2	5.5	4.5			
1999	29,390	8.3	0.9	45.6	11.3	9.6	4.7	4.0			
2000	29,481	8.3	2.5	43.0					16.6	12.4	4.7
2001	26,976	9.2	3.3	39.9					17.5	14.1	4.6
2002	25,462	11.3	3.8	38.1					17.8	14.6	3.9

資料：農林水産省「農林水産予算の説明」（各年度版）より作成。農業予算は農林水産予算合計より林野庁，水産庁予算を除いた数字。補正後予算である。

2−②

(単位：億円)

項目 年度	農林水産業予算	公共事業費	一般事業費	食料安定供給関係費
2003	31,114	14,378	9,771	6,965
2004	30,522	13,712	9,984	6,825
2005	29,362	12,814	9,793	6,755
2006	27,783	12,090	9,332	6,361

資料：同上。

円の事業ですが、6割は公共事業でした。国の農業予算も以前は20％ほどであった公共事業が50％を占め〈表2〉、都道府県の農業関係費は8割近くが公共事業になります。市町村はほぼ4割で、いずれにしても公共事業の拡大は目を見張るものがありました。その内容は改めてみることにしますが、その方法は、事業を国債に替わり地方債の発行により行い、元利償還金については、地方交付税の基準財政需要の中に算入することによって地方自治体の負担を軽減しつつ行うというものです。97年、橋本内閣のとき「財政構造改革」が宣せられて、この方

式による公共事業が排除されていくと地方自治体には借金が残ることとなったのです。そして、この借金は「平成の大合併」によって切り抜けるように仕向けたのです。

　2000年を迎えた農業予算は公共事業も削減され、02年からは小泉内閣の「三位一体改革」で価格政策をはじめとした経費が削減を強いられ、農林水産予算全体が大きく落ち込むことなります。価格政策に代わり担い手に絞った所得政策の導入となりますが、あとで述べるように「品目横断的経営安定対策」も経費削減のための政策の感を免れません。農業政策は第2次世界大戦後、資本主義国でも社会主義国でも社会政策的な側面を持ち、国による所得の再配分機能を持つものでもありましたが、89年の東ドイツ、東欧の社会主義国が崩壊するとともにこうした考えは後退しはじめ、現在では価格政策がなくなり、所得の再配分を受けられる対象も絞られこの機能はなくなりつつあります。

　担い手に絞った構造政策は、現在まで20年近く続けられていますが、米をはじめとして担い手の育成は果たされていません。そんな中で09年6月17日、農地法の改正案が国会を通りました。農地所有権の取得は排除されているものの、賃借による農地利用は株式会社や個人を含め、だれでも、どこでも可能になっています。農業政策は今その方向を失いかけているといわなければならないのです。

米政策の転換

2. 米政策の転換

　農業政策の大きな流れを見てきましたが、農業政策の中心であった米政策を改めて見ておきましょう。米政策は2006年からの品目横断的経営安定対策で、「米」の字はなくなっています。

　米政策が大きく変わるのはなんといっても93年のガット・ウルグアイラウンド農業合意が出来、WTO体制になってからです。日本は生産調整を実施しているにもかかわらず、ミニマムアクセス米（MA米）として、今でも年間76万tの米を輸入しています。

　食糧管理法（食管法）は94年に廃止され、代わって96年食糧法が成立します。食管法では国が生産から流通にいたるまで管理していたのですが、食糧法の下では国の役割は米の輸出入管理と備蓄となっています。輸出入管理は言うまでもなくMA米の輸入で、国内ではMA米は食料用には出さないことにしていますので、この米は海外援助用と加工用・飼料用米に使っています。国内米については生産が過剰なとき買い入れし、備蓄用として買上げるものです。最近は作況や備蓄量を見て量も時期も不定期になっています。

　食管法のときとは異なり、食糧法では流通はまったく自由となり、誰に売っても、誰が買ってもよく、価格は自由に決められることとなっています。しかし価格の調整は政府の大きな責務であることは変わりなく、これを生産調整と備蓄によって行っているのです。

# 生産調整と備蓄による価格の調整

　現在の米政策の全体図は〈図1〉のようになっています。

　担い手対策はあとにして、需給調整システムはここにあるように生産調整と過剰米への対応で行っていることが分かります。より詳しくは〈表3〉のシステムの展開過程で示されています。基本は米の生産を制限し、もし作柄の変動があるときは買い上げあるいは市場への売り渡しを行い、価格に大きな変動が起こらない措置を講じていこうというものです。しかし、これは戦前、結局、食管制度になったように、穀物価格の調整はなかなか容易なことではないのです。

　まず生産調整ですが、当初は70年代からの方法と同じく生産調整面積を割り当て、面積単位で基本助成を行い、別に転作作物に応じた助成金を出していたのです。また政府による備蓄については93年の大凶作のこともあり、政府備蓄を150万t、全農による調整保管を50万t行い200万tの備蓄としたのです。そのうえ、備蓄米の政府・全農の売り渡しは1年後としたのです。ところが94年以後、豊作も手伝いこの備蓄制度発足と同時に、政府、全農とも過剰な在庫を抱えることとなったのです。しかも備蓄米は1年以上倉庫に寝かしておいた米であり、通常では値引きされるべき米です。それを買値以上に売ろうとしても到底売れるわけがありません。かえって財政負担が増すばかりとなったのです。もちろん過剰の中で、通常の米価も下がるばかりとなり、価格変動対策という価格下落対策を講じる必要が出てきたので

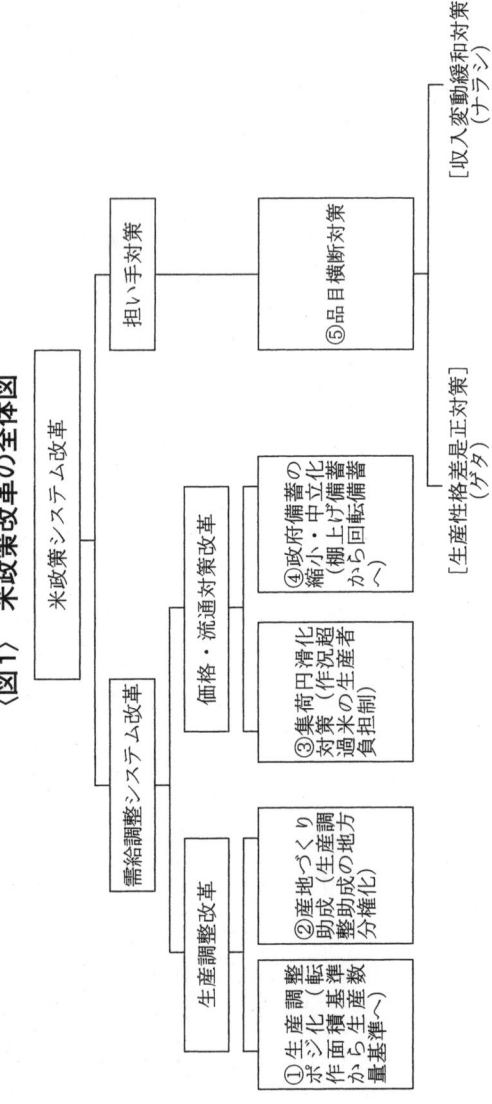

〈図1〉 米政策改革の全体図

す。そこで前年対比10％以下の低落は目をつぶり、それを超える下落幅についての措置を生産者も基金を拠出することによって補てんすることとしたのです。本来これらの対策は最も財政負担のかからぬ方法として行われたものでしょうが、小手先の手段がかえって財政負担を増すこととなったのです。

　農産物の価格調整は容易なものではありません。結局、生産調整は凶作で94年度58万8000haに削減したのですが、98年度には96万haに大きく拡大し、生産調整対策費は02年には1846億円にもなったのです。また価格変動対策の稲作経営安定対策も01年には910億円に膨らんでいます〈表4〉。こうして、財政事情から米対策の見直しが迫られたのです。

 ## 「あるべき米政策」と政策の縮小

　米政策が問題にされるのは小泉内閣に代わった02年の「三位一体改革」からです。80年代の後半から世界の経済を席巻し始めた新自由主義の考え方が、ここでは大手を振ってまかり通ることになります。米の生産調整をはじめこれまでの米政策を見直し、「米政策のあるべき姿」にするというものです。そのあるべき姿とは「生産者が消費者を見つけ出し、消費者が望むだけ作ればよい」というものです。したがって天候によって不作になったときは備蓄によって国が対応するものの、豊作で出来過ぎたときは生産者が責任もって処理することとなります。過剰米は生産者も拠出して処理をしろということです。具体的には生産者が60kg当たり3000円を積み立

〈表3〉 米政策改革システムの展開過程

		食糧法（平成8〜15年度）
需給調整システム	生産調整 実施システム（対象、主体）	ネガ方式（調整面積対象） 過去の生産調整実績基準 行政による目標割当て
	助成体系	生産調整面積への助成 基本助成（生産者とも補償）と各種政策加算（団地化・土地集積加算、高度土地利用加算等）
	流通過剰米対策	政府備蓄（150万トン基準、上下50万トン幅） 全農調整保管（政府備蓄を上回る数量）
価格変動対策（担い手対策）		稲作経営安定対策（政府・生産者拠出によるとも補償、平成10年〜） ①一般コース、②担い手コース、③計画外流通米コースに三分化（平成12年〜）

　て、過剰になった場合は国が7000円で買い上げる。国は4000円出そうというのです。4000円は飼料用米に近い価格なので、あまったものは餌料用という意味なのでしょう。

　生産調整も大きく変わります。これまでの面積による割り当てから生産者の数量による申告となったのです。とかく天気に左右されやすい米の生産なのに、多く取れた場合は生産者の責任なのです。過剰米を出したら自らの責任で処理するという原則を貫くために数量を基準にしたのです。生産調整の助成体系も大きく変わります。補助金から「産地づくり交付金」になります。交付金は

改正食糧法	
第1ステージ（16〜18）	第2ステージ（19〜21）
ポジ方式（生産数量対象） 　過去の生産面積基準から現在の販売実績基準への漸次的移行 　行政による目標割当て	同左 販売実績基準の完成 生産者団体主役の目標割当（政府機能は情報提供へ）
産地づくり対策（目標数量との切断） 　基金部分（政府助成）と各種政策加算（担い手加算、麦・大豆品質加算等）の傾斜拡大 　地域水田農業ビジョンとの連動制	同左 助成単価・使途の地方分権化 重点助成の別枠化
政府備蓄の中立化（100万トン上限の回転備蓄） 集荷円滑化対策（作況超過米の生産者割当制）	同左 同左
稲作所得基盤確保対策（生産調整参加者一般対象）と担い手経営安定対策（担い手対象）の二階建 担い手対象・要件の明確化（認定農業者と集落営農）	品目横断対策による担い手対策の制度的分化と総合化 ①畑作価格対策の廃止と担い手交付金法への統合 ②変動緩和対策と生産性格差是正対策の二本建 ③担い手要件の緩和 非担い手に対する経過助成（稲作構造改革促進交付金）

2. 米政策の転換

補助金のひとつですが、単価と数量が決まっており、いわゆる補助金では多少の使い残しは他への流用が出来ますが、交付金では融通が利きません。しかも新たな生産調整事業は、地方分権化を唱えて、都道府県に事業の自由裁量の余地を残し、県の特産物など独自のメニューを許しています。都道府県は自ら支出して多くのメニューを作り、その中から米生産者が選別し、選別された事業を次年度に続けるようにするのです。事業の交付金化は、経費の合理化になるのです。しかし、これらによってもなかなか財政的には縮減は出来ません。そこで更なる縮減の手段として生産調整と価格維持対策の手直しを

〈表4〉 米関係対策費の推移

(単位:億円)

年度	食管特別会計繰入	国内米管理勘定 売買損益	国内米管理勘定 管理経費	国内米管理勘定 自主流通米等管理経費	国内米管理勘定 計	外国米管理勘定 国内米管理勘定繰入	外国米管理勘定 外米	生産調整対策費	うち助成金	とも補償米需給調整対策	稲作経営安定対策	右の担い手対策	生産調整実施面積(数量)
94	1,900	▲1,059	▲659	▲943	▲2,261		20	748	748				588千ha
95	1,830	▲596	▲902	▲1,185	▲2,683		▲261	893	892				663
96	1,770	▲394	▲883	▲802	▲2,079		▲2	1,334	1,333				783
97	1,750	106	▲998	▲1,264	▲2,156		4	1,330	1,329				784
98	2,434	219	▲1,042	▲1,832	▲2,655		2	1,157	242	914	95	26	960
99	2,433	▲106	▲723	▲1,769	▲2,536	▲62	0	1,168	253	915	926	249	960
2000	2,467	▲353	▲806	▲1,613	▲2,741	▲31	0	1,441	729	711	926	249	960
01	2,504	▲166	▲712	▲1,969	▲2,644	▲203	0	1,577	899	750	910	234	968
02	2,956	▲439	▲598	▲1,932	▲2,969		0	1,846	991	750	864	69	968
03	3,330	▲915	▲548	▲1,451	▲2,913		▲69	1,658	1,203	704	681	9	1,018
04	2,289	▲610	▲236	▲106	▲952		▲159	1,518	1,450	1,450	677	—	(857万t)
05	2,078	▲388	355	▲724	▲757		▲384	1,616	1,450	1,450	537	115	(851万t)
06	1,998	▲402	▲253	▲771	▲1,426		▲207	1,592	1,467	1,467	622	77	(833万t)
07	1,460	▲458	610	▲610	▲1,068		▲523	1,541	1,494				

資料:食料局資料による。

07年以後行うのです。生産調整の割り当てを生産者団体に委ね、助成金の単価や使い道を地方に任せ、転作作物の重点化を図ります。また米価格の変動対策から担い手に対する所得補償への切り替えをはかるのです。

品目横断的経営安定対策と価格政策の消滅—米価の下落

　所得補償への切り替えは「品目横断的経営安定対策」で行われます。これはその名が示すように、米以外の作物を加え、担い手・法人を対象に農業経営をカバーしようというものです〈図1参照〉。これまでの経営実績に基づきナラシと呼ばれる一定の所得を確保し、ゲタという経営努力による品質や生産性の向上に対し所得の上乗せをする方法です。米以外の作物は当面麦や大豆になりますが、ゲタの部分は品質が入ることによって必ずしも上乗せにならないのが現実です。この対策はWTOの今後の進展を考慮して、価格から直接所得補償へ政策の方向を転換したことにありますが、あとで集落営農を加えたものの、対象を限定したこととゲタ部分の実態からすると、やはり財政対策としての面を感じざるを得ないものです。ただし、米は対象からはずされています。現在、米生産農家の損益分岐点は10haになっているので、これ以下の規模の米生産者にとっては、経営を拡大するには到底いたらないのです。構造政策への効果は少ないものです。〈表5〉には90年からの自主流通米の助成金の推移が示されていますが、品目横断的経営安定対策はこの助成金を削減することでもあったのです。07年の暮、品目横断的経営安定対策は名称を「水田畑作経営所

〈表5〉 自主流通米に対する助成額の推移

(その1) (単位：億円)

助成措置＼年度	90	91	92	93	94	95	96	97
自主流通米計画販売対策費							126	115
（通年販売促進費）	279	327	281	233	91	190	―	―
自主流通米計画流通対策費							546	754
（自主流通対策費）	854	829	875	505	462	799	―	―
（良質米奨励金）	15	―						
（特別自主流通奨励金）	15	―						
学校給食用・助成金	1	3	4	4	79	2	6	13
・在庫保有助成金	29	32	3	0	4	53		
・取引価格形成円滑化奨励金	9	15						
もち米需給安定対策費	―	―	―	―	―	―	11	
もち米需給調整緊急対策費	―	1	6	―	―	―		
・価格形成安定化助成金						4	3	2
計画出荷確保対策費							9	6
自主流通計画の策定等に要する経費							1	1
自主流通備蓄・調整保管関連対策費							100	―
米需給調整特別対策費								90
合　計	1,202	1,207	1,169	742	636	1,048	802	981

得安定対策」と改め、米価下落緊急対策等を加えていますが、この対策は対象を担い手等に絞り込み、しかも低落する価格を引き上げるものではありません。

　食管法の下では、政府買入価格はもちろん、自主流通米の価格形成に当たって発足時から政府米との流通コストを埋めるために補てんが必要とされていましたが、食糧法の下で流通をすべて自由化しても、政府買い入れの際に価格変動対策としての費用は必要だったのです。2000年を超えても2000億円に近い価格助成金が出されており、これを縮小したかったのです。政府米の買い入れ量は生産調整を強化することによって少なくし、在庫量も減らしています〈表6〉。

　これらの結果、米価は食糧法制定後、凶作の年を除いて一貫して下げ続けています〈図2〉。

(その2) （単位：億円）

助成措置 \ 年度	98	99	2000	01	02	03	04	05
米需給安定対策費	856	853	649	737	744	644		
稲作経営安定資金助成金	70	734	736	911	865	682		
稲作経営安定資金運営円滑化対策費	26	181	226	204	48	6		
稲作所得基盤確保対策交付金								538
担い手経営安定対策交付金								115
（自主流通米計画販売対策費）								
新たな米政策確立円滑化対策費	338							
自主流通米計画流通対策費	308							
自主流通米需給改善促進特別対策費	231							
（自主流通備蓄・調整保管関連対策費）								
自主流通米価格形成安定化助成金	2	1	2	2	2	2	1	1
緊急需給調整対策費				115	128			
学校給食用自主流通米交付金	18	12						
地域水田農業再編緊急対策費補助金					23	35	28	
数量調整円滑化推進事業費							24	22
米流通システム改革促進対策費補助金					123	83	51	
米穀安定供給確保支援機構運営費							1	1
米穀安定供給支援対策事業費補助金								40
過剰米短期融資円滑化事業費							1	
米流通安心確保対策事業費補助金								7
合　計	1,849	1,781	1,613	1,969	1,932	1,451	106	724

資料：農水省総合食料局資料。
注：1. 発生ベース（支出済額－前年度繰越額＋翌年度繰越額）で整理。なお，79年度までは超過米助成を含む。
2. 90年度から良質米奨励金及び特別自主流通奨励金を改正し，自主流通対策費とした。
3. 96年度から通年販売促進費を自主流通米計画販売対策費，自主流通対策費を自主流通米計画流通対策費とした。
4. 流用により一時的に設立した科目は除外した。
5. 98年度より計画流通推進対策助成金を一部組み換え米需給稲作経営安定対策助成金として計上した。
6. 2000年度より米需給安定対策費をとも補償事業費補助金とした。
7. ラウンドの関係で計と内訳が一致しない場合がある。

　米価格がこれではたとえ規模拡大してもそのメリットは現れません。前に述べたように、価格変動対策を講じてきたのですが、その算定の仕方は当該年度の価格と過去5年間の中3年の平均を基準価格とし、その差額の8割ないし9割を補償することでした。しかも補てんを受けるのには自ら拠出をしなければならないのです。おま

〈表6〉 政府備蓄米の年産別売買期間と財政負担額

(単位：万トン、億円)

年産	買入数量	完売までの期間	主食用等(差損) 数量	主食用等(差損) 金額	援助等(差損) 数量	援助等(差損) 金額	飼料用(差損) 数量	飼料用(差損) 金額	金利・倉敷料	合計	販売残
7年産	165	6年	145	560	20	557			622	1,739	
8	116	9	66	164	33	904	17	430	488	1,986	
9	119	9	82	328	1	30	36	916	498	1,772	
10	30	8	17	65	1	33	12	294	140	532	
11	57	8	49	197	1	45	7	163	215	620	
12	37	5	37	14					106	120	
13	8	2	8	▲8					12	4	
14	14	2	14	▲41					11	▲30	
15	2	3	2	6					3	9	
16	37	3	37	190					70	260	
17	39		(39)	(135)					(86)	(221)	39
18	25		(25)	(127)					(43)	(170)	25
			売買に伴う損失額 1,700億円程度		援助・飼料処理に伴う損失額 3,400億円程度				2,300億円程度	合計 7,400億円程度	
										1年当たり平均 600億円程度	

注：1. 16年産以降は見込額。
　　2. 販売残は平成20年3月末見込の数量。
　　3. （ ）書きは、17年産及び18年産の販売残の全量を販売したと仮定した場合の試算値。
資料）農林水産省食糧局資料。

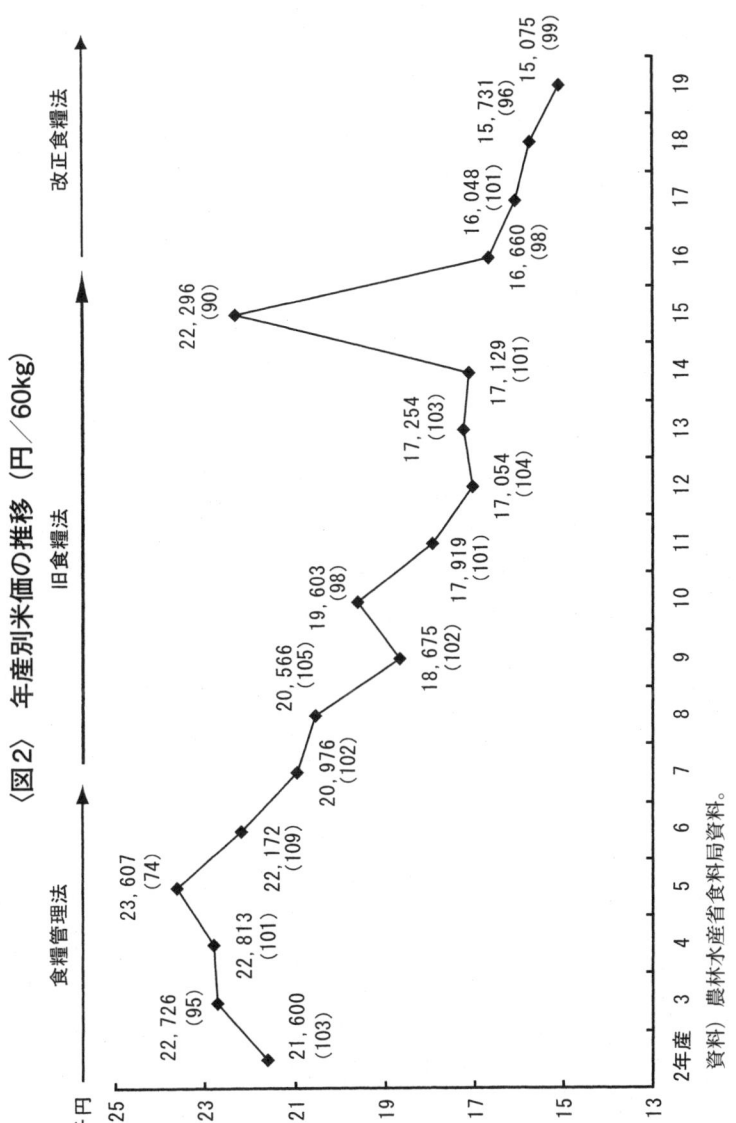

〈図2〉 年産別米価の推移 (円／60kg)

資料) 農林水産省食糧局資料。

けに米の市場は大きく変わりました。以前、消費者はほとんどの人がお米屋さんから買っていました。しかし、今、10％に満たぬほどです。代わってスーパーや量販

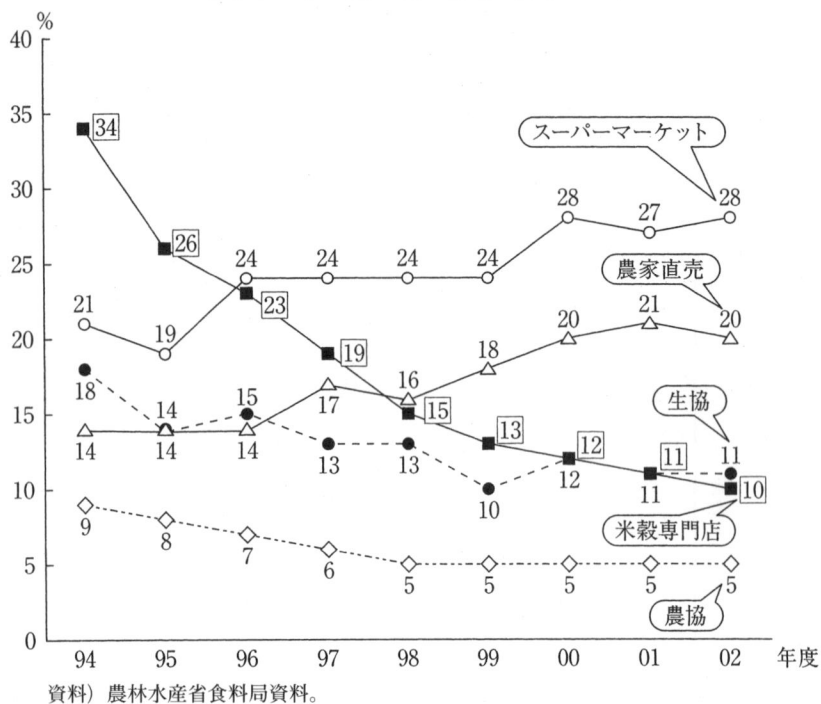

〈図3〉 米の購入先の推移（単位：%）

資料）農林水産省食料局資料。

店で3割近くの人が買うことになっています〈図3〉。

　農家の直売も多く2割を超えています。こうした流通上の変化は、米価格の形成に大きく反映し、米は牛乳などと同じくスーパーなど量販店の目玉商品とされバイイングパワーで、一層引き下げられているのです。

　昨年などガソリンをはじめ燃料費や肥料・農薬など農業資材が高騰し一層経営的には厳しさを増しています。集落営農でコスト低減を狙っても作業手数料などを下げなければ到底やれない状況になっています。米価格の安定のための措置が必要なのです。

農業の公共事業の展開

3. 農業の公共事業の展開

　つぎの問題は、90年からの農業の公共事業の展開です。先述したように80年代後半の日米構造協議で「公共投資基本計画」が出され、内需拡大のため430兆円の公共事業を10年間で行うことをアメリカと約束しました。宮沢総理のときこれを630兆円に膨らましています。これによって1年間に40兆円から60兆円近い公共事業を行うこととなったのです。農業はこれにどうかかわったのでしょうか。

 ## 農業農村整備事業の発足

　農業の公共事業は、これまで開拓・干拓、開墾、用排水、圃場整備など生産性向上に結びつく施設の整備が中心で、農業生産基盤整備と呼ばれるものでした。
　68年から、農村と都市との生活環境の格差が開いてきたため生産基盤とともに生活基盤の整備を一体的に行う事業として出来たのが農村整備事業でした。
　それが91年、これら二つの事業と国、県、市町村で行ってきた水利施設の維持管理、農地等の防災保全を行う農地等保全管理事業を加えて、3つの事業をひとつにまとめて「農業農村整備事業」が発足しています。
　事業発足とともに農業生産基盤整備事業では国営事業の再編が行われ、他方、農村整備事業でも農業集落排水

事業と農道整備事業が大きく拡大されています。

「公共投資基本計画」では内需拡大のため生活関連事業が優先されましたが、これらを受けて農村整備事業では92年に農村広域生活環境整備事業、94年に自然環境保全事業などが創設されています。

91年の農業農村整備事業の総額は1兆701億円でしたが、92年には20.1％増の1兆2903億円と大きく伸びています。事業の構成は農業生産基盤整備事業56.4％、農村整備34.8％、農地等保全管理8.8％となっていて前年の構成比、61.9％、28.6％、9.5％と比べると農村整備の伸びが目立つものとなっています。

補助金の削減と地方債充当による公共事業

新たな事業の出発とともに農業の公共事業は地方債が充当される適債事業とされ、それ以後は地方債・地方交付税との関係を深くして行きます。

80年代まで、農業の公共事業は補助金の整理合理化の対象とされ、93年には整理合理化の結果、恒久化が行われています。

事業費の2分の1を超える補助金については、国直轄事業、公団事業については10％、補助事業については5％のカットとされています。

しかし、国の補助金削減に伴い受益者負担への考慮が必要とされ、事業負担にかかわる各段階のガイドラインが設定されることとなりました〈表7〉。

適債事業とされたことによって、国営事業をはじめ都道府県営事業も地方財政措置が講じられるようになった

〈表7〉 主な事業のガイドライン（内地） （単位：2/3以外％）

事業主体	事業名	区分	国庫率 旧-新	ガイドライン 都道府県	市町村
国営	かんがい排水	一般型	60-2/3	17.0	6.0
	農用地開発	一般型	75-70	17.5	5.0
	農地再編整備	中山間地域型	-2/3	24.4	5.0
	総合農地防災		65-2/3	30.0	3.4
都道府県営	かんがい排水	一般型	50-50	25.0	10.0
	ほ場整備	一般型	45-45	27.5	10.0
	畑地帯総合整備	一般型	50-50	25.0	10.0
	土地改良総合整備	一般型	45-45	27.5	10.0
	中山間地域総合整備	集落型	60-55	30.0	10.0
	農地防災	ため池等整備（大規模）	60-55	28.0	11.0
	農地保全	（寝食防止）	50-50	29.0	14.0
	農地環境保全対策	水質保全対策（一般型・用排水）	55-50	34.0	16.0
	畑地帯開発整備	一般型	65-50	32.5	7.0

注：1．国庫率の「旧」とは、平成4年まで（昭和57年から平成4年までの国の負担割合の引き下げは考慮しない）との率を示す。
　　2．国庫率の「新」とは、平成5年度補助率の恒久化以降の率を示す。
資料）農林水産省農村振興局

のですが、このときから地方自治体の事業対応も変わってきます。受益者負担ゼロの事業も出てくるようになります。適債事業の適用は、これまで地方税など独自財源の少ない自治体が公共事業を行うことはほとんど不可能でしたが、これを可能にしたのです。それまでは市町村等が公共事業を行うときは、国の補助の高い事業をまず選び、都道府県の負担をえて初めて事業が行うことが出来たのです。財政力の弱い町村については50年代の後半、山村振興法で辺地・過疎地域など山間地の開発に当たって、それぞれ70ないし80％の起債が認められ、地方財政措置によって元利償還金の一定部分を地方交付税の基準財政需要に算入される方法がとられました。また、財政再建の際、補助金の削減によって控除される部分を同じように公共事業臨時特例債で充当し、あとで地方交付税の基準財政需要に算入することによって市町村

の負担増を避ける方法もとられていました。

　補助金を中心に事業をやっているときは、たとえば国営事業にかかわる都道府県・市町村の負担を和らげるときは基準財政需要の単位費用に負担軽減分を算入することが行われていました。それが、適債事業になってからは、94年に本来の地方債と臨時公共事業債とを区別し、本来の地方債の充当率を20％から30％に引き上げ、95年には臨時公共事業債分の65％を加えて地方債の充当率を95％に上げています。そのご、充当率は02年の「骨太方針」で国営事業は90％、地方交付税への算入も30％に引き下げられますが、これらの措置で地方債を中心に公共事業は行われるのです。地方債の元利償還に当たっては単位費用が償還の基礎となりますが、単位費用の算出の仕方は主要事業費から国庫支出金、分担金、負担金を差し引いた自主負担部分を出し、それを農業行政費の場合、都道府県の経常経費については農家戸数、投資的経費は農地面積で除し、市町村については経常経費・投資的経費とも農家戸数で除して求められます。したがって算定基礎の中にも政策的な意図が含まれることとなります。

　具体的には91年から94年に行われていた農業生産基盤整備事業などでは、市町村の負担分となる20％部分について、そのまた20％を本来分の地方債で行い、75％を財源対策債でまかない、本来分の元利償還金には30％、財源対策債の元利償還金には80％を基準財政需要に算入することになります。農業の公共事業の目玉とされた農道整備事業などは、本来分はなくすべて財源対策債で95％充当し、償還金の繰り入れも80％算入されたのです。加えて事業費補正などもとられています。こうした都道府県の元利償還金に対する基準財政需要へ

〈表8〉 農業行政費の基準財政需要額の推移

(単位：100万円)

年度	(1) 経常・農業行政費	(2) 投資・農業行政費	(3) 事業費補正額	うち ①元利償還分	②事業費分
1990	381,354	502,867	6,504		
1991	38,454	469,896	36,334		
1992	400,456	509,879	49,708		
1993	411,934	529,411	57,596	644	56,952
1994	421,428	477,005	31,856	1,932	29,924
1995	427,420	416,429	39,192	4,010	35,181
1996	442,110	408,408	33,087	6,348	26,730
1997	431,066	421,272	38,718	9,592	29,126
1998	432,668	416,871	45,297	13,993	31,323
1999	431,765	432,540	53,330	19,358	33,971
2000	422,594	430,941	61,279	26,631	34,647
2001	428,476	414,812	69,212	33,130	36,081
2002	423,734	388,969	76,961	29,208	37,753
2003	410,863	376,100	80,103	41,530	38,573
2004	385,282	292,556	82,859	43,286	39,572
2005	374,562	279,565	82,886	42,509	40,377

資料：総務省「地方交付税等関係計数資料」より作成。

　の算入の結果は〈表8〉ようになっています。農業行政費の経常的経費は大きな変化はありませんが、投資的経費は92、93年までは500億円を超えています。事業費補正を見ると99年以後、増加し続けていますが、事業費部分は前半に、元利償還部分は後半に増えています。

　これは2000年になると国営事業が多くなることと元利償還金を補う措置によるものです。特に最近の三位一体改革以後の事業費補正は、地方の財政力が落ち込み、自力での償還が無理になってきていることをあらわしています。

③ 補正予算による事業の拡大
―UR対策と農業生産基盤整備事業

　農業の公共事業は80年代では国の農業予算の30％ほどでしたが、90年代に入り40％となり、96年には50％を超えるようになります。農林水産予算としてみますと林業・水産業ともほとんど公共事業ですから国の農林水産予算の60％近くが公共事業となります。都道府県では多いところは80％近くが公共事業となっています。〈表9〉は90年度から15年間の農業の公共事業の推移ですが、金額的には95年度をピークに02年に90年の水準に戻り、以後は減少し続けています。農業生産基盤整備、農村整備、農用地等保全管理の3つの事業から見ると生産基盤事業は3分の1削減、農村整備は三位一体改革以後急減しています。

　そのなかで、生産基盤整備事業はUR対策から急激に増加していますが、6兆円のうち6割が公共事業に当てられていたのです。しかも事業が始まるとほとんど補正予算で組まれることになります〈表10〉。UR対策は97年財政構造改革で事業が2年延ばされますが、生産基盤整備事業の中心は大区画整備を行う担い手育成基盤整備事業、畑地帯総合整備事業、土地改良総合整備事業それに中山間地域活性化緊急促進事業などで、中山間地直接支払い制度の導入をめぐる制度を絡めたものでした。この間の事業の変化は戦後続いてきた農地の再開発や未墾地開発の新規事業がなくなったように、事業の中心は国営かんがい排水などダム、取水堰堤など地域の水利を考慮することに変わってきます。また、水資源公団などのかんがい排水事業なども施設建設事業から施設管理事業

〈表9〉 農業農村整備事業の推移

年　　度	90	91	92	93	94	95
＜農業生産基盤整備＞	億円 672,961	99.9	108.2	124.6	120.5	133.8
１．国営かん排	137,177	105.4	120.3	148.5	143.2	175.0
２．水資源開発公団	13,225	105.5	125.2	143.2	128.6	141.1
３．補助かん排	73,312	99.3	111.1	135.5	150.1	155.0
４．圃場整備 ※1	132,735	91.8	89.0	100.1	120.7	135.1
５．諸土地改良	72,481	96.2	93.2	100.4	66.3	60.4
６．畑地帯総合	59,741	98.5	106.6	126.5	178.2	202.0
７．農用地再編開発	114,620	101.0	114.1	125.9	83.5	93.7
８．農用地整備公団 ※2	19,326	106.1	122.8	144.0	144.6	150.4
９．土地改良負担金総合償還	15,000	100.0	100.0	−	−	−
10．担い手（育成）農地集積				(3,447億円) 100.0	219.6	312.4
＜農村整備＞	256,004	112.2	175.1	262.9	198.1	251.7
１．農道整備	136,550	104.6	138.2	175.7	144.6	148.5
２．農業集落排水	31,098	135.0	377.6	676.7	471.5	677.9
３．農村総合整備	82,636	109.8	164.5	202.1	106.7	147.1
４．中山間総合整備				(48,203億円) 100.0	108.2	352.9
５．農村地域環境整備					(7,184億円) 100.0	236.3
６．農村振興整備						
７．農村振興空間整備						
＜農用地等保全管理＞	98,233	102.7	115.6	148.1	151.9	176.4
１．農地防災等	84,820	103.9	118.1	153.9	157.4	184.6
２．土地改良設備管理	7,213	107.4	116.4	124.5	127.6	127.9
３．その他	5,740	80.6	85.3	103.2	113.2	130.2
合　　計	1,027,199 100.0	1,070,472 103.7	1,290,322 120.5	1,657,427 161.3	1,467,804 142.8	1,718,322 167.2

資料：『国の予算』各年版より作成。
注：※1　経営体育成基盤整備。
　　※2　緑資源公団。
　　※3　食料供給広域・基盤確立対策。

になったことです（表9参照）。都道府県が行ってきた事業はかんがい排水事業の補助かんぱい事業、圃場整備事業、諸土地改良事業などです。特に圃場整備事業は70年代以後の主要事業でしたが、97年度以後減ってきています。99年に公布された新たな食料農業農村基本法では「環境との調和に配慮すること」が求められ、基盤整備事業が自然への負荷と成ることが強調されて、生

(単位：億円，％)

96	97	98	99	2000	01	02	03	04
120.5	108.0	114.7	106.8	97.3	95.7	78.5	68.1	66.7
154.8	141.7	166.2	154.4	145.6	169.4	152.4	131.6	131.0
132.4	125.2	126.1	140.0	125.7	117.3	115.0	95.0	90.0
133.0	98.7	106.3	81.7	74.1	75.3	53.9	52.6	50.1
118.1	119.0	122.7	110.3	90.7	82.3	[※1] 81.3	73.5	68.6
73.2	59.9	46.3	65.8	56.7	49.6	8.7	8.7	11.0
190.3	146.7	181.6	172.6	164.0	161.6	128.1	103.5	86.5
80.3	68.2	67.9	62.1	57.6	36.7	20.4	16.2	18.9
156.5	139.8	162.3	133.2	127.6	118.0	102.4	94.3	89.7
─	─	─	─	─	─	─	─	─
─	─	─	─	─	─	─	─	─
222.5	122.4	238.9	185.5	179.9	172.2	132.4	114.7	100.0
138.1	109.8	116.8	102.2	99.0	87.5	66.1	59.3	52.6
471.5	505.2	723.5	481.2	498.1	473.3	365.5	254.8	200.6
106.7	104.2	114.9	76.8	63.1	46.9	35.5	30.1	22.3
108.2	141.8	204.9	171.9	166.3	185.8	139.2	130.8	117.6
100.0	151.1	235.9						
				(22,455億円) 100.0	132.9	89.2	77.0	142.8
			(25,140億円) 100.0					
151.9	134.3	198.2	148.7	155.3	159.7	128.1	117.8	121.9
157.4	134.3	208.7	153.5	150.8	162.0	126.5	114.7	119.7
127.6	158.6	149.9	[※3] 153.7	260.4	199.6	196.9	194.5	190.4
113.2	115.8	119.4	83.9	102.0	88.4	74.8	76.2	78.5
1,545,400	1,348,842	1,578,749	1,340,334	1,268,319	1,242,538	993,333	868,020	825,089
150.4	131.3	153.3	130.4	123.4	120.9	96.7	84.5	80.3

3．農業の公共事業の展開

産性向上、効率から距離を置くことになっています。米の転作に伴う排水対策、担い手育成にかかわる圃場整備事業は排水対策については田と畑との転換がスムーズに行かないこと、圃場整備については〈表11〉にあるように30a区画が04年152万7000ha（59.3％）、1ha以上の大区画整理地も17万6000ha（6.8％）となったこともあり、主要河川域の圃場整備がほぼ満たされたとして、

〈表10〉 UR農業合意関連対策の主要事業予算の推移

	94年度 補正後	95年度 当　初	95年度 補正後	96年度 当　初
1．農業経営対策				
① 農用地利用集積特別対策		208		191
② 農業経営基盤強化措置特別会計		9,993		9,526
2．経営体の安定的営農展開				
① 農家負担軽減支援特別対策		8,448		4,931
② 土地改良負担金対策		25,000		25,000
3．新規就農者対策（特別会計）	4,800	1,400		1,400
4．各作物対策				
① 特定畑作物対策		842		56
② 果樹対策		(7,530)		(2,371)
③ 畜産対策		(20,616)		(675)
④ でん粉対策		3,803		630
5．UR農村整備緊急対策（公共事業）	(300,000)	(25,000)	(325,000)	(60,000)
6．高度化等のための諸施設の整備（農構）	(75,000)	(39,900)	(40,000)	(40,500)
7．中山間地域対策				
① 新規作物の導入（特別会計）	16,000	2,600		2,600
② 地域情報・大都市の整備		1,106		693
③ 中山間地域の農地保全（特別会計）		137		214
④ 棚田地域等保全		−	−	−

資料：農水省「農林予算の説明」各年版より。
注：1．事業のうち主要なものに限定している。
　　2．融資枠等は除いてある。
　　3．（　）は本体の事業で内数を示す。

　　いったん打ち切りの状態となっています。実際30a区画では富山、福井県では86.1％、1ha以上では新潟県は10％を超えています。また、水田の汎用化を行う土地改良総合整備事業も一定の成果があったとして打ち切りとなっています。02年以後は経営体育成基盤整備事業に絞られ、これに担い手農地集積事業、流動化指導支援事業を加えて総合化しています。市町村の生産基盤整備事業は国営、県営事業の整備後の単独事業となりますが、用排水事業の最終段階を担うこととなります。しかし、県営事業等の縮小によって市町村単独事業も大きく減ってきています。

(単位：100万円)

96年度 補正後	97年度 当　初	97年度 補正後	98年度 当　初	98年度 補正後	99年度 当　初	99年度 補正後	2000年度 当　初	2001年度 当　初
	191 9,816		(244) (8,213)		(244) (8,844)		243 (9,865)	
	1,362 20,000 1,420		2,737 17,000 2,733		2,768 8,200 2,633		2,651 4,800 2,541	
(270,000) (40,000)	56 (2,371) (675) 330 (60,000) (42,200)	(180,000) (48,060)	56 (2,371) (808) 1,167 (77,000) (52,300)	(255,000) (30,654)	56 (2,371) (808) 1,169 (71,000) (39,000)	(176,000) (10,038)	56 (2,396) (808) 901 (61,000) (39,000)	(40,000)
	2,600 175 331 –		– 175 288 6,700	10,200	– 175 225 6,160	6,660	– 175 462 5,611	

④ 農業集落排水事業と農道整備事業

　この15年間で大きく伸びたのが農村整備事業です。すでに〈表9〉で示されていますが、UR対策から2000年まで、農業集落排水事業と中山間地域総合整備事業が急伸し、農道整備事業は96年以後徐々に縮減していきます。

　農村整備事業のうちでも農村総合整備事業は72年から始められている事業で、生産基盤と生活基盤をあわせて行える事業として重宝がられた事業です。事業内容が都市化の進展とともに非農用的利用にシフトして内容が

〈表11〉 田の整備状況の推移（標準・大区画）

年	田 ① (千ha)	標準区画以上整備済面積 ② (千ha)	割合 ③=②/① (％)	大区画整備済面積 ④ (千ha)	割合 ⑤=④/① (％)
1964	3,392	83	2.4		
1969	3,441	267	7.8		
1975	3,171	614	19.4		
1983	2,989	1,058	35.4	67	2.2
1993	2,782	1,424	51.2	84	3.0
2001	2,624	1,505	57.4	158	6.0
2002	2,607				
2003	2,592				
2004	2,575	1,527	59.3	176	6.8
2005	2,556				
2006	2,543				

資料：農林水産省統計部「耕地及び作付面積統計」、農林水産省農村振興局「土地改良総合計画調査」、「土地改良総合計画補足調査」、「土地利用基盤整備基本調査」、「農業基盤整備基礎調査」。
注：1) 田面積については、「耕地及び作付面積統計」による田の耕地面積で、7月15日現在（2001以前は8月1日現在）による。
2) 標準区画整備済みとは30a程度に区画整理された田をいう。
3) 大区画整備済みとは1ha程度以上に区画整理された田をいう。

変わってきています。2000年の食料農業農村基本法の改正で、交通ネットワークの整備、情報通信基盤の整備などが入り、都市と都市住民を意識した事業になっていきます。02年以後はむらづくり交付金が出され一ヶ所2億円規模の事業となりますが、メニューに比べ事業費が不足し、市町村の負担が多い事業となったことから廃止

〈表12〉 農道整備事業関係費

年　度	90	91	92	93	94
農道整備事業費補助	93,790	98,866	244,187	269,699	216,649
(1) 都道府県営農道整備	67,032	72,874	111,105	225,267	
うち①広域営農団地	52,032	57,154	87,598	186,701	153,287
②一般農道	14,689	15,720	23,507	38,566	63,362
③団体営農道整備	26,758	25,972	29,817	42,432	―
(2) 農免道農道整備	42,759	45,509	47,825	44,508	44,508

資料：『国の予算』各年版より。

となっています。

　農道整備事業は61年の農業基本法とともに物流条件の整備として位置づけられ、65年に軽油引取税にかかわる農免道路（農林漁業用揮発油軽油引取税にかかわる農道整備事業）が創設され、70年には広域農道が制度化されています。72年には基幹農道舗装事業が作られています。91年に適債事業となってからは事業の拡大が進み、国庫補助率も広域農道は65％、一般農道45％、団体営45％、農免道3分の2で、これに地方債と地方交付税措置がされます。農道事業の実績は〈表12〉にありますが、93年度には3000億円を超える大事業となっています。しかし財政再建とともに97年1400億円台に、02年には1000億円となり、04年では800億円となっています。05年地域再生法による「道整備交付金制度」が発足し、交付金による事業の選別と事業の集中化が迫られています。農道整備は財政事情に常に左右され、しかも各種事業を通じて行われていて事業としては優遇されているものの、道路舗装は市町村とならざるを得ず、市町村では財政力のある地域の整備が進んでいるのが実情です。

　農道整備についで急激な増加をたどったのが、農業集落排水事業です。例の「公共投資基本計画」で都道府県・市町村が主体となって処理する施設とされ、2000

（単位：100万円）

95	96	97	98	99	2000	01	02	03	04
158,070	143,257	105,232	121,036	101,668	98,121	82,386	58,815	53,591	49,760
105,738	95,518	105,232	95,210	74,073	83,081	64,809	46,998	41,991	38,860
52,332	47,738	68,240	25,825	27,594	15,039	17,577	11,817	11,600	10,900
−	−	−	−	−	−	−	−	−	−
44,809	45,392	36,992	38,465	37,902	37,144	37,144	34,358	31,390	25,797

年までには中都市並みの整備率にするとの勢いで進められたものです。

　93年には「農業集落排水緊急整備事業」が創設されていますが、94年には事業主体を一部事務組合に、95年には離島をも加え、事業内容に土作りリサイクル事業、処理水の雑用水への拡大も行い、05年には老朽化施設の更新も入れています。この事業の地方財政措置は手厚いもので、補助事業では一般型は国50％、残り50％のうち県が90％の起債が出来、残りの5％が受益者負担となります。起債にかかわる元利償還では50％まで地方交付税措置が得られます。しかし、これも2000年以後は交付金と統合補助金に姿を変えていきます。04年度からは「むらづくり交付金」、05年度「汚水処理交付金」が作られ、徐々に交付金にシフトしています。事業は03年から急減し、05年では200億円と一時期の5分の1となっています。まさにこの事業は地方債と地方交付税頼みの事業といえます。しかし、この事業の整備率の高い県はいずれも公債費比率が高く、03年度の決算で見ると長野県23.7％、福井県19.4％、鳥取県19.6％、島根県25.5％と財政的危険区域に入っています。農業集落排水事業の問題点は、施設稼動後の管理にあり、コンポスト等の管理経費の軽減が求められています。また市町村による財政負担が多く見られ各市町村とも今後に課題を残しています。

　90年から三位一体改革にいたる農業農村整備事業ほど変化の激しい事業はこれまでなかったでしょう。農業生産基盤事業は国営事業が残ったものの、これまでの柱であった圃場整備事業、土地改良総合整備事業がなくなり、経営体育成基盤整備事業のみを残している状態です。他方、農村整備事業は農業集落排水事業、農道整備

事業とも公共事業の削減とともに急にしぼんで手厚い地方財政措置がそのまま財政赤字となってきています。これからは環境を考慮した事業と施設管理が主要な事業となるのでしょうが、土地改良区の活動が弱くなっている中で農地保全、国土保全を心配しなければならなくなっています。

3. 農業の公共事業の展開

自治体の農業経費

4

4. 自治体の農業経費

　米をはじめとした農業政策の転換は、都道府県・市町村の農業対策にも大きく影響を与えています。米に替わる公共事業への移行は、UR対策とともにわずか数年で終わり、2000年を迎えた段階では、地方分権化により地方自治体への事務移管に伴う実質負担増となり、三位一体改革では補助金と地方交付税の削減となって、地方債を頼りに公共事業を行ってきた自治体にとっては財政赤字に悩まされることとなったのです。この間を縫って行われた「平成の市町村大合併」は、こうした財政赤字のムチと特例地方債の発行と地方財政措置の継続よるアメの誘導策によって強行されます。以下では都道府県・市町村の農業経費を見ながら経費縮減の過程を追ってみましょう。

① 変化の激しい農業関係費

　都道府県・市町村の90年以後の総務省の決算報告を見ると、04年の歳出規模は91兆2479億円で国の財政規模を上回っています。ただ、90年代後半には100兆円を超えていたので大きく削減されてきているのです。その中で農林水産事業費は4兆3218億円、農業関係費は2兆9401億円と歳出のそれぞれ4.7％、3.2％と大きく削られてきています〈表13〉。これを都道府県と市町村の

重複を省いた純計で見ても、農林水産業費は90年代歳出合計の6％台であったものが2000年に入ると5％、04年にはわずか4年で4％になっています。農業関係費で見ると3.2％です。都道府県では農林水産業費では95年ころの10％から02年に8％、04年は6.8％となります。農業関係費は6％から4.4％です。市町村はもっと深刻です。農林水産業で04年3.3％に、農業関係費では96年の2兆1624億円の4.1％から04年1兆2418億円2.5％に縮小しています。歳出規模は都道府県も市町村も10ポイントほど増えているのに農業関係費は90年後半以後、極端な経費の削減が行われているのです。

② 農地費に依存してきた都道府県の農業関係費

　そこで、つぎに都道府県と市町村の農業関係費の動きを見てみましょう。ここで言う農業関係費というのは農林水産業費のうちの農業費、畜産業費、農地費をあわせたものを言います。農業費は農業の生産振興や流通の改善、担い手の育成など法律等に基づく恒常的事業を行う経費です。農地費は農業農村整備事業にかかわる公共事業が中心の経費です。畜産業費は飼料畑整備事業など一部公共事業を含む経費ですが、畜産業費については地域が北海道、東北、九州など特定されますので以下では省き、農業費と農地費を見ておきましょう〈表14〉。

　まず、都道府県の農業関係費は、90年代、3兆円を超える規模でしたが、05年には2兆円を下回ることになっていて、92年度の7割にもなっていません。これを経費の内容で性質別構成と財源別構成で見てみますと〈表

〈表13〉 地方自治体の農林水産業費の推移

	年　度	1992	1993	1994	1995	1996	1997
純計	歳出合計	895,597	930,763	938,178	989,445	990,261	976,737
	同上指数	100.0	103.9	104.8	110.4	110.5	109.0
	農林水産業費	56,761	62,131	14,016	67,787	68,020	64,751
	構成比	6.3	6.7	6.8	6.9	6.9	6.6
	農業関係費	38,361	41,402	46,331	46,381	47,674	44,949
	構成比	4.2	4.4	4.6	4.6	4.8	4.6
都道府県	歳出合計	474,397	492,586	501,446	528,234	527,675	520,507
	同上指数	100.0	103.8	105.7	111.3	111.2	109.7
	農林水産業費	42,735	47,596	49,372	52,608	52,812	51,314
	構成比	9.0	9.7	9.8	10.0	10.0	9.9
	農業関係費	28,014	30,814	32,595	35,228	36,418	35,329
	構成比	5.9	6.2	6.5	6.6	6.9	6.7
市町村	歳出合計	468,907	490,711	491,876	519,010	518,985	514,082
	同上指数	100.0	104.6	104.8	110.6	110.6	109.6
	農林水産業	23,319	25,951	26,381	27,370	28,188	25,514
	構成比	5.0	5.3	5.4	5.3	5.4	5.0
	農業関係費	17,289	19,235	19,780	20,607	21,624	19,191
	構成比	3.6	3.9	4.0	3.9	4.1	3.7

資料：総務省「都道府県決算状況調」「市町村決算報告書」各年版。

〈表14〉 地方自治体の農業関係費の推移

	年　度		1992	1993	1994	1995	1996	1997
都道府県	農業関係費		28,014	30,814	32,595	35,228	36,418	35,329
	指　数		100.0	109.9	116.3	125.7	129.9	126.1
	構成比	農業費	27.5	27.6	27.1	25.5	27.3	25.7
		農地費	66.3	66.6	67.2	69.0	67.4	69.1
市町村	農業関係費		10,871	12,313	12,855	13,416	14,063	12,532
	指　数		100.0	111.2	114.4	119.1	125.0	111.0
	構成比	農業費	43.7	44.7	43.7	43.5	46.2	45.1
		農地費	51.1	50.4	51.6	52.0	49.3	49.9

資料：前表に同じ。

15〉、農業費は事業を行う経費である普通建設事業費が90年代で30％から40％に増えたのに、03年には20％を割り込み05年には16.6％と96年度の事業費の4分の1となっています。農業費は人件費が多いのですが、普通建設事業費のうちの補助事業費は2000年以後急に減り始め、05年には10％を切っています。財源的にも補助

(単位：億円，%)

1998	1999	2000	2001	2002	2003	2004
1,00,1975	1,016,291	976,163	974,316	948,394	925,818	912,479
111.8	113.4	109.0	108.7	105.8	103.3	101.8
63,824	62,091	58,699	55,352	51,552	46,939	43,218
6.4	6.1	6.0	5.7	5.4	5.1	4.7
43,495	42,136	40,088	38,151	35,634	32,550	29,401
4.3	4.1	4.1	3.9	3.7	3.5	3.2
546,271	541,911	533,993	529,222	505,039	489,170	481,935
115.1	114.2	112.5	111.5	106.4	103.0	101.5
50,588	49032	45,880	43,027	39,943	35,518	33095
9.3	9.0	8.6	8.1	7.9	7.3	6.8
33,957	32563	30,587	28,789	26,675	23,889	21,477
6.2	6.0	5.7	5.4	5.2	4.8	4.4
523,806	540,180	511,609	514,059	504,260	497,845	486,510
111.7	115.1	109.1	109.6	107.5	106.1	103.7
24,722	23,677	22,222	21,056	19,580	18,176	16,151
4.7	4.4	4.3	4.1	3.9	3.7	3.3
18,480	17,766	16,765	15,987	14,835	13,800	12,418
3.5	3.2	3.2	3.1	2.9	2.7	2.5

(単位：億円，%)

1998	1999	2000	2001	2002	2003	2004	2005
33,957	32,563	30,587	28,789	26,675	23,889	21,477	19,700
121.1	116.2	109.1	102.7	95.2	85.2	76.6	70.3
26.0	25.5	27.1	28.2	29.4	29.7	29.8	29.7
68.4	68.8	67.6	66.0	65.0	64.4	64.0	64.0
12,102	11,594	11,006	10,374	9,489	13,800	12,418	11,558
106.8	102.7	101.2	95.4	87.2	126.9	114.1	106.3
44.8	45.1	46.0	46.0	46.8	46.3	46.2	44.8
50.3	50.0	49.0	48.6	48.1	48.3	48.0	50.0

4. 自治体の農業経費

事業は削られ05年533億円となっています。もちろん単独事業も減り半減しています。これまでは国の事業に加え、県単独の事業が米や特産物で行われていましたが、その余裕はなくなっています。農業費に比べ農地費は人件費が2から3%と少なく、普通建設事業費が90%を占めていて、しかも補助事業費が8割を占めています

〈表15〉 都道府県の農業費の性質別・財源別構成

年度	1992	1994	1996	1998	1999
農業費	7,729	8,855	9,976	8,862	8,314
性質別構成 人件費	2,513 32.5	2,569 29.0	2,605 26.4	2,686 30.3	2,673 32.2
普通建設事業	2,525 32.7	3,393 38.3	3,899 39.1	3,057 34.5	2,686 32.3
うち補助事業	1,416 18.3	2,077 23.5	2,397 24.0	1,883 21.3	1,795 21.6
単独事業	1,109 14.3	1,315 14.9	1,502 15.1	1,174 13.3	891 10.7
財源別構成 国庫支出金	2,750 35.5	3,370 38.0	4,318 43.2	3,237 36.5	3,139 37.7
諸収入	565 7.3	647 7.3	619 6.2	913 10.3	848 10.1
地方債	272 3.5	433 4.8	514 5.1	375 4.2	170 2.0
一般財源	3,968 51.3	4,096 46.2	4,183 41.9	4,021 45.4	3,893 46.8
うち投資的費充当の一般財源	958 12.3	922 10.4	1,038 10.4	796 8.9	745 8.9

資料：前表に同じ。

〈表16〉。単独事業も05年で7％あります。財源別で見ると国庫支出金が最低のときでも4割を超え、多いときは47％にもなっています。一般財源による充当は20％となっていますが、地方は国庫支出金が縮減される中で事業が少なくなっています。国の補助の削減とともに投資的経費への一般財源の充当は大きくなっています。

　市町村はどうでしょうか。市の農業経費はほとんどが少なくなっているので、ここでは農業の比重の高い町村を見ていくことにしましょう。町村の農業費は金額の変化に幅がありますが、2000年のはじめに大きく減少しています〈表17〉。事業を行う普通建設事業費が漸減し05年ではそれまでの半分となっています。補助事業も単独事業も減少しています。財源別構成では04年以後、町村の数字がないのですが国の補助を含む都道府県支出

(単位：億円，％)

2000	2001	2002	2003	2004	2005
8,298	8,127	7,863	7,096	6,415	5,858
2,627	2,615	2,563	2,484	2,461	2,409
31.7	32.2	32.6	35.0	38.4	41.1
2,273	1,960	1,669	1,364	1,133	970
27.4	24.1	21.2	19.2	17.7	16.6
1,450	1238	1064	822	664	533
17.5	15.2	13.5	11.5	9.6	9.1
822	722	605	534	517	437
9.9	8.9	7.7	7.5	8.1	7.5
2,986	2,779	2,431	2,142	1,709	1,481
35.9	34.1	30.9	30.1	26.6	25.2
852	916	1,005	901	697	638
10.2	11.2	12.7	12.6	10.8	10.8
166	185	321	157	230	199
2.0	2.2	4.0	2.2	3.5	3.3
3,841	3,841	3,686	3,472	3,366	3,162
46.2	47.2	46.8	48.9	52.4	53.9
671	614	515	444	350	275
7.5	7.5	6.5	6.2	5.4	4.6

金、地方債にも大きな変化はなく、一般財源による補てんが大きくなっています。町村の農業費は国や県の事業の最終事業で最後の負担がいやおうなしにここにたまってきます。義務的経費が多くなり単独事業は少なくなり、厳しさを増しています。それに農地費が農業費と同様の動きをしています〈表18〉。90年代初めは普通建設事業費が8割を超していたものが、05年には56.7％となって、補助事業の3分の1への落ち込みの影響を、直接受けていることを示しています。財源別で見ると地方債が増え、一般財源への依存が高くなっています。

　都道府県も市町村も、90年代の公共事業拡大の後遺症を抱えているのです。

〈表16〉 都道府県の農地費の性質別・財源別構成　　　（単位：億円，％）

年度		92	94	96	98	99	2000	01	02	03	04	05
農地費		18,592	21,930	24,568	23,249	22,415	20,696	19,024	17,352	15,406	13,762	12,608
性質別構成	人件費	403 2.2	364 1.7	378 1.5	437 1.9	481 2.1	488 2.4	501 2.6	492 2.8	482 3.1	489 3.6	506 4.0
	普通建設事業	17,280 92.9	20,420 93.1	22,875 93.1	21,518 92.6	20,639 92.1	18,992 91.8	17,378 91.3	15,715 90.6	13,874 90.0	12,232 88.9	11,277 89.4
	うち補助事業	14,246 76.6	16,522 75.3	18,280 74.4	17,257 74.2	16,356 73.0	14,975 72.4	13,514 71.0	11,886 68.5	10,261 66.6	9,132 66.4	8,054 69.3
	単独事業	1,430 7.7	2,304 10.5	2,884 11.7	2,335 10.0	2,115 9.4	1,927 9.3	1,759 9.2	1,495 8.6	1,045 6.7	978 7.1	869 6.9
	国直轄負担金	1,602 8.6	1,593 7.3	1,709 7.0	1,925 8.3	2,167 9.7	2,090 10.1	2,104 11.1	2,332 13.4	2,431 15.7	2,121 15.4	2,353 18.7
財源別構成	国庫支出金	8,916 47.9	10,450 47.6	11,407 46.4	10,859 46.7	10,068 44.9	9,237 44.6	8,268 43.4	6,217 35.8	6,338 41.1	5,632 40.9	4,971 39.4
	諸収入	346 1.8	374 1.7	392 1.5	333 1.4	464 2.0	455 2.1	477 2.5	529 3.0	485 3.1	469 3.4	369 2.9
	地方債	1,699 9.1	3,313 15.1	4,621 18.8	4,985 21.4	4,415 19.6	4,184 20.2	3,832 20.1	4,445 25.6	2,885 18.7	2,729 19.8	2,393 18.9
	一般財源	5,217 28.0	4,274 19.4	4,010 16.3	3,576 15.3	3,810 16.9	3,566 17.2	3,327 17.4	3,214 18.5	3,081 19.9	2,828 20.5	2,681 21.2
	うち投資的経費 充当の一般財源	4,542 24.4	3,596 16.3	3,230 13.1	2,725 11.7	2,929 13.0	2,715 13.1	2,498 13.1	2,376 13.6	2,239 14.5	2,027 14.7	1,914 15.1

資料：総務省「都道府県決算状況調」より作成

3 財政逼迫と市町村合併

　90年代初めから現在に至る経済財政運営の方向は、国内政策では日米構造協議で求められたメーンバンク制、株式の持ち合い、取引慣行、雇用形態の変更を進めるもので、戦後の日本の経済システムを大きく変えるものでした。

　その結果地域間格差と所得格差をもたらしました。

　97年以後の財政改革が転機になって「税源なき地方分権」その後に続く「三位一体改革」で地方自治体の財政が逼迫しますが、この間を縫って行われたのが「平成の市町村大合併」です。市町村合併特例法が期限とした

〈表17〉 町村の農業費の性質別・財源別構成　　　　　　　　　　（単位：億円，％）

	年　度	92	94	96	98	99	2000	01	02	03	04	05
	農　業　費	4,714	5,637	6,499	5,995	5,699	5,312	5,008	4,415	4,189	5,736	5,184
性質別構成	人　件　費	1,440 30.5	1,484 26.3	1,531 23.5	1,549 25.1	1,512 26.5	1,500 28.2	1,484 29.6	1,423 32.2	1,313 31.3	2,283 39.8	2,171 41.9
	普通建設事業	2,192 46.4	2,920 51.8	3,201 49.2	2,515 41.9	2,399 42.0	1,985 37.3	1,628 32.5	1,387 31.4	1,182 28.2	1,349 23.5	1,148 22.2
	うち補助事業	1,320 28.0	1,983 35.1	2,149 33.0	1,625 27.1	1,555 27.2	1,169 22.0	991 19.7	882 18.6	672 16.0	66.4 11.6	62.3 12.0
	単独事業	824 17.4	868 15.3	969 14.9	780 13.0	766 12.3	736 13.8	569 11.3	517 11.7	470 11.2	651 11.4	489 9.4
財源別構成	国庫支出金	34 0.7	33 0.5	39 0.6	54 0.9	53 0.9	42 0.7	36 0.7	36 0.8	26 0.6		
	都道府県支出金	1,418 30.0	1,893 33.5	2,079 31.9	1,797 29.9	1,689 29.6	1,544 29.0	1,476 29.4	1,319 29.8	1,120 26.7		
	繰　入　金	121 2.5	64 1.1	88 1.3	107 1.7	96 1.6	91 1.7	77 1.5	88 1.9	89 2.1		
	諸　収　入	94 1.9	141 2.5	117 1.8	98 1.6	102 1.7	117 2.2	123 2.4	92 2.0	81 1.9		
	地　方　債	363 7.7	670 11.8	779 11.9	547 9.1	592 10.3	485 9.1	334 6.6	263 5.9	239 5.7		
	一般財源等	2,553 54.1	2,647 46.7	2,785 42.8	2,720 45.3	2,608 45.7	2,669 50.2	2,591 51.7	2,474 56.0	2,300 54.9		
	うち投資的経費 充当の一般資源	557 11.8	528 9.3	546 8.4	452 7.5	405 7.1	379 7.1	326 6.5	267 6.5	271 6.4		

資料：前表に同じ。

06年3月末、99年3月3232あった市町村数が1821となりました。それも町村は2562から1045とほぼ6割減ったのです。人口数で見ると5000人未満で68％、5000〜1万人で69％となっています。

　小規模町村ほど合併しているのです。

　合併は財政面からの措置がアメとムチとなって実施されますが、一面では、公共事業と地方債、地方交付税依存体質が招いた結果であったとも思われます。

　まず、財政的ムチについては、平成の合併が始まるのは2000年4月からですが、当初は「地方分権の受け皿

〈表18〉 町村の農地費の性質別・財源別構成　　　　　　　　（単位：億円, %）

年度		92	94	96	98	99	2000	01	02	03	04	05
農地費		5,565	6,632	6,933	5,995	5,699	5,312	5,008	4,553	4,189	5,964	5,787
性質別構成	人件費	216	218	223	220	208	203	196	185	172	350	337
		3.8	3.2	3.2	3.6	3.6	3.8	3.9	4.1	1.7	5.9	5.8
	普通建設事業	4,517	5,322	5,221	4,418	4,141	3,675	3,354	2,958	2,589	3,517	3,279
		81.1	80.2	75.3	73.6	72.6	69.1	66.9	64.9	61.8	59.0	56.7
	補助事業	2,164	2,416	2,009	1,525	1,430	1,186	960	818	761	843	721
		38.8	36.4	28.9	25.4	25.0	22.3	19.1	17.9	16.9	14.1	12.5
	単独事業	1,554	1,753	1,768	1,420	1,298	1,215	1,167	1,062	923	1,511	1,379
		27.9	26.4	25.5	23.6	22.7	28.8	23.3	23.3	22.0	25.3	23.8
	県営事業負担金	719	1,053	1,331	1,331	1,266	1,130	1,068	916	756	1,013	910
		12.9	15.8	19.1	22.2	22.2	21.2	21.3	20.1	18.0	17.0	15.7
財源別構成	国庫支出金	42	44	39	33	35	28	24	20	19		
		0.7	0.6	0.5	0.5	0.6	0.5	0.4	0.4	0.4		
	都道府県支出金	1,739	1,957	1,769	1,485	1,356	1,175	972	845	758		
		31.2	29.5	25.5	24.7	23.7	22.1	19.4	18.5	18.0		
	分担金・負担金	434	314	257	230	211	182	178	152	143		
		6.1	4.7	3.7	3.8	3.7	3.4	3.3	3.4	3.4		
	繰入金	52	62	68	83	96	77	88	122	160		
	諸収入	58	104	87	118	121	146	171	99	79		
	地方債	588	1,240	1,559	1,291	1,259	1,130	1,063	944	814		
		10.5	18.6	22.4	21.5	22.0	21.2	21.2	23.3	19.4		
	一般財源等	2,710	2,812	3,026	2,682	2,515	2,483	2,433	2,309	2,172		
		48.6	42.2	44.5	44.7	44.1	46.7	48.5	50.7	51.8		
	うち投資的経費充当の一般財源	1,775	1,695	1,527	1,384	1,280	1,138	1,093	994	875		
		31.8	25.5	22.0	23.0	22.4	21.4	21.3	21.8	20.8		

資料：総務省「市町村決算報告書」より作成。

作り」といわれていました。

　いざ施行されますと01年、地方交付税の財源不足分はそれまでは国が地方交付税特別会計借り入れによって調達していたのですが、これを各自治体による直接借り入れとしました。

　この臨時財政対策債の直接借り入れは財政力の弱い町村にとっては大きな衝撃でした。02年には4000人以下の小規模町村にそれまで行ってきた地方交付税を割り増しする段階補正を打ち切りとしたのです。

〈図4〉 地方交付税・地方財政対策債の大幅削減

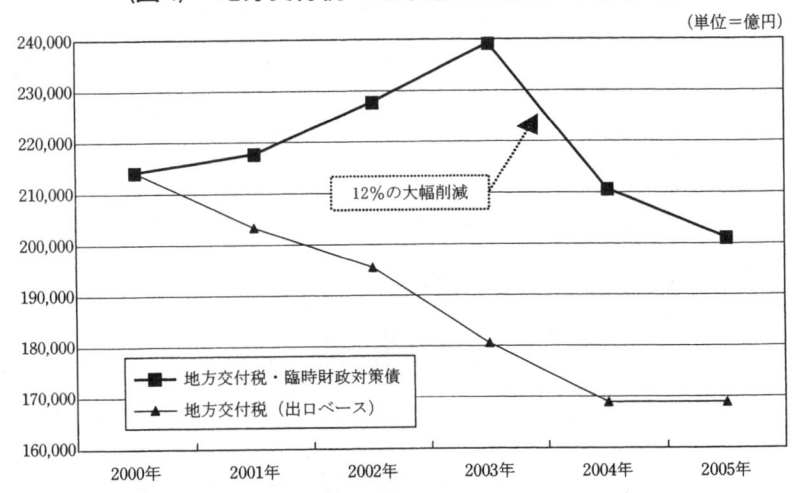

(単位＝億円)

(出所) 各年度の地方財政計画（補正ベース）、ただし2005年度は当初ベース。
資料：『平成の大合併』 公人社 2006年より

　04年には地方交付税・臨時財政対策債の切り下げを行いました。この二つの削減率は12％。金額としては2兆8000億円に上りました〈図4〉。
　そのうえ、02年には地方制度調査会に西尾私案が出され、一定水準に達しない町村についてはアメリカの場合のように、「内部団体」として近隣市町村に編入され、肩代わりした市町村が義務を負い、議会も持たない、条例制定権も予算執行権もない、自治体としての位置づけを失うことにする、としたのです。他方、アメは「合併算定替」といわれ、合併すれば10年間は現在水準の普通交付税を保証するというものです。また、同時に特別交付税としてコミュニティー施設等の公共事業による整備ができ、合併促進のための都道府県の交付する補助金などの措置をする、というものです。補助金は人口規模に応じて2000万円から1億円の範囲で祝い金を出し、

● 農業政策の変遷と本流

〈図5〉 市町村における職員定員数、普通会計決算額の推移

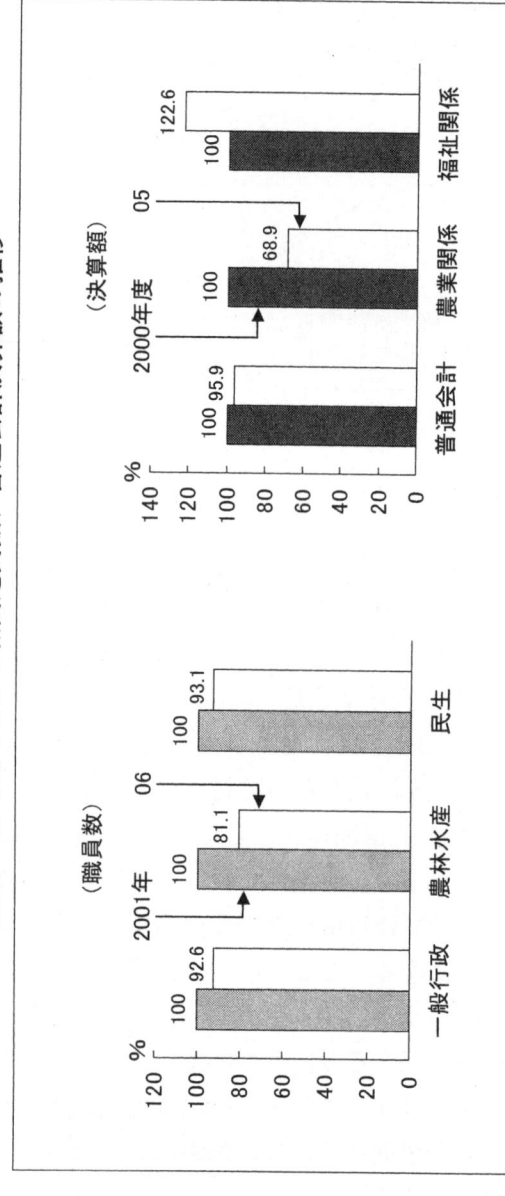

(職員数)

	2001年	06
一般行政	100	92.6
農林水産	100	81.1
民生	100	93.1

(決算額)

	2000年度	05
普通会計	100	95.9
農業関係	100	68.9
福祉関係	100	122.6

(資料) 総務省「地方財政状況調査」を基に農林水産省で作成
(注) 1) 農林水産関係職員数は、2001年4月1日時点を基準とした2006年4月1日現在の割合
2) 決算額は2000年度を基準とした2005年度の割合であり、一部事務組合の経費を含む。
3) 決算額の農業関係は農業費、畜産業費、農地費の合計で、福祉関係は民生費

〈図6〉 市町村合併時期と農林水産関係職員数、農業関係費

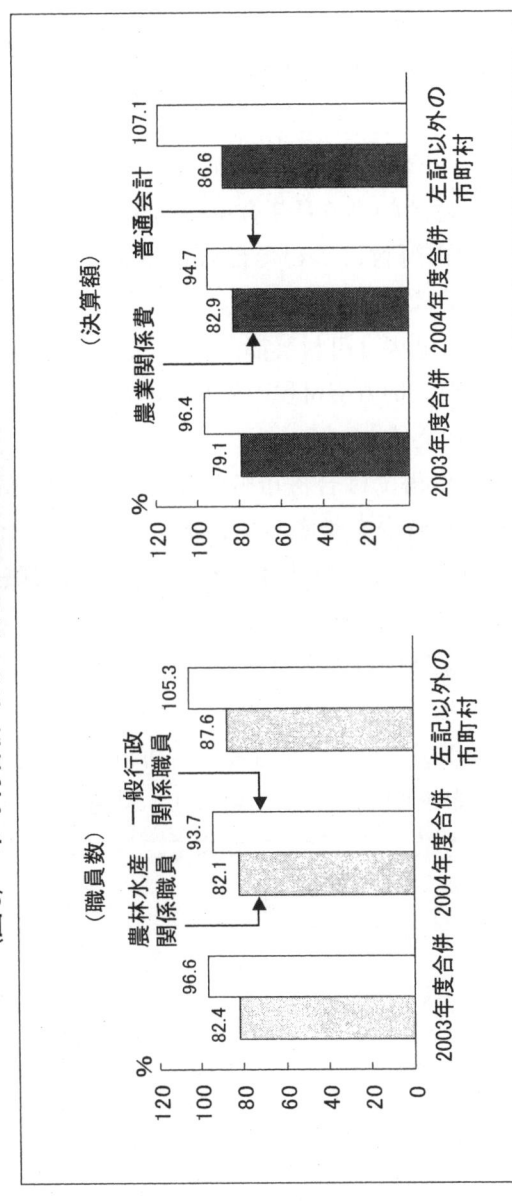

(職員数)

農林水産関係職員　一般行政関係職員
2003年度合併: 96.6 / 93.7
2004年度合併: 82.4 / 82.1
左記以外の市町村: 105.3 / 87.6

(決算額)

農業関係費　普通会計
2003年度合併: 96.4 / 94.7
2004年度合併: 79.1 / 82.9
左記以外の市町村: 107.1 / 86.6

(資料) 総務省「地方財政状況調査」を基に農林水産省で作成
(注) 1) 農林水産関係職員数は、2003年4月1日時点を基準とした2006年4月1日現在の割合
    2) 決算額は2002年度を基準とした2005年度の割合で、農業関係費は一般財源より支出される農業費、畜産業費、農地費の合計
    3) 市町村の合併は2005年度までの最新の合併を採用しており、「左記以外の市町村」は、2005年度に合併した市町村と1999年度以降合併をしていない市町村の合計

4. 農業農山村体の自治
費務業

地方債は合併後10年間は市町村建設計画にもとづく必要な事業に「合併特例債」をあてることが出来るとしたのです。この合併特例債は地方債の起債充当率が95％、元利償還金の70％は基準財政需要に算入するというものです。そのほか合併推進のための建設事業に対する財政措置として「合併推進債」も発行できるとしたのです。合併算定替は04年6月新合併特例法で、05年4月1日以降の申請市町村については合併算定替を5年に短縮、合併特例債は同法で廃止にしています。

　市町村合併の結果は町村と都市部の二分されたものとなっていますが、地方交付税の先食い的な方法による合併となったといえましょう。

　08年の農業白書では合併市町村における農林水産関係予算と職員の減少を憂慮しています。ここでは01年から06年の間で市町村の職員が20％と一般行政職の職員数より多く減らされていることを明らかにしています〈図5、6〉。農業関係費の決算額では3割減となっています。合併の結果、合併市町村の決算額職員数とも、未合併市町村のほうが減少数は少なく、合併市町村ほど縮減されていることを明らかにしています。都道府県・市町村の農業行政も厳しさを増しています。

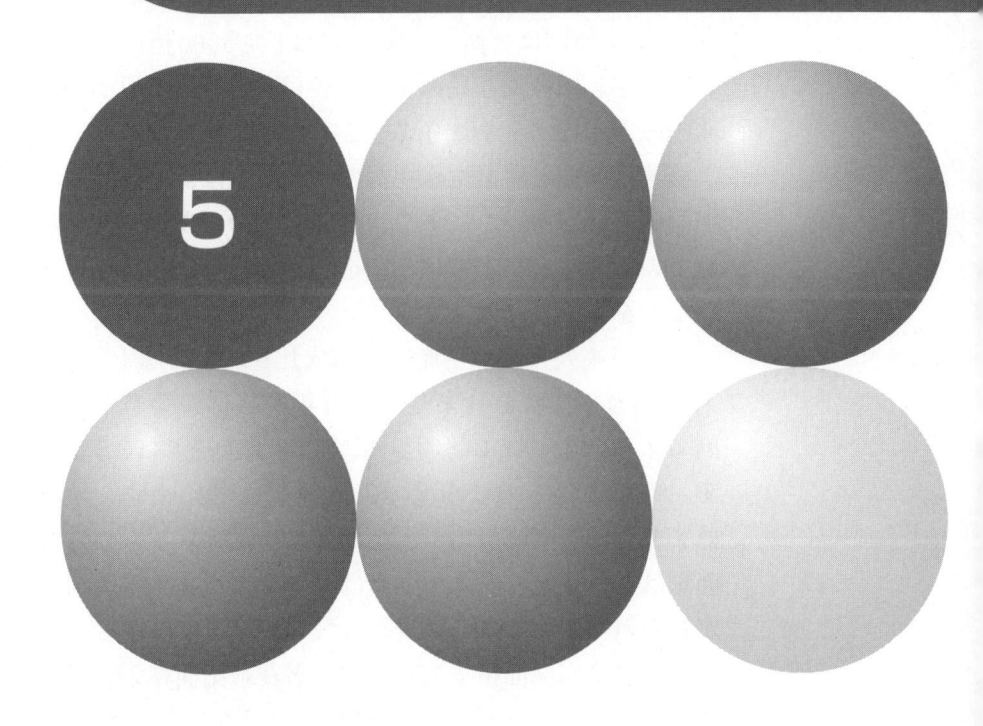

農業生産額と農業生産所得の現状

5

5. 農業生産額と農業生産所得の現状

　ところで実際の農業生産はどのようになっているのでしょうか。
　09年の夏、農林水産省は食料自給率が41％になったと報告していますが、国内農業生産額は01年から4年間で4000億円ほど減り、05年には8兆5000億円になっています。主要農産物の生産所得は3兆4848億円から3兆3066億円と1800億円減ってきています。
　農業生産額と農業生産所得の大きな差は、中間での付加価値と経費がいかに多く、農家の所得が少ないかを示しているのです。本来はここを問題としなければならないことを指摘しておきます。
　そこで主要作物の生産額の構成比を見てみましょう。米は23％でしかありません。04年からは野菜が米を上回るようになっています。果実は8％、花きは3.5％です。伸びているのは畜産で30％を超えています。米はいまや生産額の4分の1となり、以前4割を占めていた面影はありません。米の生産はそのうえ現在も生産制限が行われていて08年産で言えば、815万tしか作ることは出来ません。面積で150万ha。潜在水田面積270万haのうち120万haが他の農作物の作付けないしは放棄地となっているのです。米の生産費を見れば、05年産は1俵60kg当たり費用合計で1万3785円、販売価格より高いのです。肥料・農薬・種苗費など物財費で8773円かかり、販売額1俵1万1000円では労働費5012円の半分も実現できていないのです。流通している米の7割以上

は物財費である肥料・農機・農薬などの償却費を償えればよいという農家によって生産されているのです。米以外の作物もここのところガソリン代など高熱動力費がエタノールなどの影響で上がってきていて、飼料価格も高くなって畜産の生産さえ下降状態に入ろうとしています。

① 農家所得・農業所得の推移

　コスト増によって農家の採算が苦しくなる中で、農業経営はどのようになっているのでしょうか。

　農家経済の概要から見てみましょう〈表19〉。この数字は30a以上の経営面積、年間50万円以上の販売額のある農家の平均を取ったものです。世帯員は徐々に減ってきていますが、耕地面積は農地集積の効果もあり2000年以後、農家1戸当たりの経営規模は拡大しています。

　しかし、農家所得は三位一体改革が始まる02年まで減り続け、農業所得も対前年を下回ることとなっています。

　しかも農家所得に占める農業所得は05年で24.5％の123万円、農外所得は43.5％の219万円、年金等収入が農業所得よりも多い31.8％の160万円あります。これは農業就業者の高齢化を反映するものでしょうが、農外所得と年金等収入で7割を超えているのが農家経営の実態です。しかも最近は農外所得の減少が農業所得の減少より急で、96年から03年までで110万円を超える減少となっています。

〈表19〉 農家経済の概要

	1996年	1997	1998	1999
1. 農家の概況				
年間月平均世帯員（人）	4.17	4.13	4.12	4.04
経営耕地面積（a）	169.9	169.2	176.8	177.4
うち 田面積（a）	98.7	99.7	105.9	107.3
2. 農家経済の総括				
(1) 農業所得	1,387.8	1,203.0	1,246.3	1,141.4
農業粗収益	3,800.8	3,642.3	3,705.3	3,582.1
農業経営費	2,413.0	2,439.3	2,459.0	2,440.7
(2) 農外所得	5,462.3	5,472.4	5,310.6	5,130.2
農外収入	5,747	5,774	5,598	5,424
農外支出	285	301	287	294
(3) 農家総所得	8,935	8,795	8,680	8,459
(4) 租税公課諸負担	1,466	1,510	1,450	1,445
(5) 可処分所得	7,469	7,284	7,229	7,014
(6) 家計費	5,729	5,736	5,626	5,543

（注）販売農家の平均。2004年から調査システムの改変があり、20
資料：農林水産省「農家経済調査」各年版

　ところで03年に農林水産省は、「農業経営統計調査」の内容を04年より変え、「農業経営関与者」が「経営権を持っている事業および事業以外の収支に限定して把握する」として、調査体系を変えています。このため農業経営の年次ごとの接続はここから出来なくなっています。

　調査体系の変更は、経営権を持たない家族の農外所得

(単位：1,000円)

2000	2001	2002	2003	2004	2005
3.98	3.94	3.85	3.70	3.85	3.86
178.8	181.0	182.5	185.0	193.0	198.0
108.9	110.1	110.5	112.0	112.0	115.0
1,084.2	1,034.0	1,021.2	1,103 (1,297)	1,262	1,235
3,507.6	3,473.7	3,468.7	3,585 (3,808)	3,890	3,976
2,423.4	2,439.7	2,447.5	2,482 (2,511)	2,628	2,741
4,974.6	4,750.9	4,527.2	4,323 (2,239)	2,241	2,191
5,272	5,042	4,818	4,600 (2,481)	2,491	2,449
297	291	290	270	250	258
8,279	8,021	7,841	7,712	5,083	5,029
1,398	1,371	1,342	1,299	743	748
6,881	6,650	6,499	6,413	4,340	4,281
5,397	5,273	5,150	5,028	4,216	4,231

03年の（　）で接続する。

を排除し農家としての農外所得を少なくし、制度受取金、農産加工、民宿、レストランなど農業生産関連事業所得を農外所得から分離して農業所得として算入し、農業所得を多く出るようにしたのです。ただ、このような手直しにもかかわらず、農業所得は経営費の増かさに対し粗収益が上昇しないため、減少しています。

5. 農業生産額と農業生産所得の現状

② 主業農家と準主業農家、副業的農家の分類

　しかも、農業経営形態別の分類では、これまで専業農家（世帯員の中に兼業従事者が一人もいない農家）、第一種兼業農家（世帯員の中に兼業従事者が一人以上おり、かつ、農業所得が兼業所得より多い農家）、第二種兼業農家（世帯員の中に兼業従事者が一人以上おり、かつ、兼業所得のほうが農業所得より多い農家）によってきました。

　それがこれからは、農家を自給農家と販売農家に分け、経営面積30a未満、販売額50万円未満を自給的農家として除き、それ以外の販売農家を対象としています。販売農家はさらに主業農家（農業所得が農家所得の50％以上、年間60日以上の自営農業に従事する65歳未満の者がいる農家）、準主業農家（農業所得が農家所得の50％未満で1年間に60日以上自営農業に従事している65歳未満の者がいる農家）、副業的農家（1年間に60日以上自営農業に従事している65歳未満の者がいない農家）に分けている。その基準は農業所得の農家所得に対する比率と就農日数による区分なのです。こうした分類の方法は、対象農家を絞り、政策の効果を出すためのものなのでしょう。05年の統計によれば、販売農家数は188万戸、そのうち主業農家は40万5000戸（21.5％）、准主業農家は44万7000戸（23.6％）、副業的農家は102万9000戸（53.7％）で、主業農家の比率は総農家数285万戸からすれば14.5％に過ぎないのにもかかわらず、販売農家数からすると20％強となるのです。

　06年の調査によれば、主業農家の一戸当たりの平均

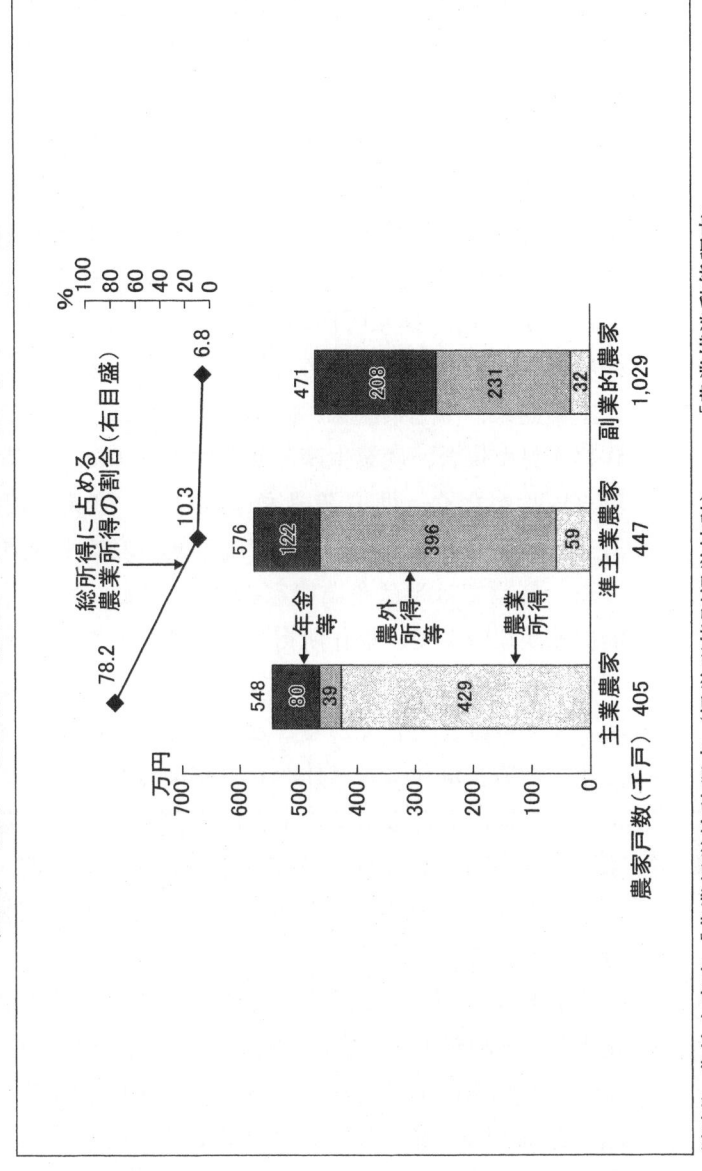

〈図7〉 農家の総所得の構成等（2006年、販売農家、主副業別）

区分	農家戸数（千戸）	農業所得	農外所得等	年金等	合計	総所得に占める農業所得の割合（％）
主業農家	405	429	39	80	548	78.2
準主業農家	447	59	396	122	576	10.3
副業的農家	1,029	32	231	208	471	6.8

（資料）農林水産省「農業経営統計調査（経営形態別経営統計）」、「農業構造動態調査」

5. 農業生産額と農業所得の現状

所得は548万円です〈図7〉。

　これは準主業農家の所得576万円より低いのです。農業所得の比率は主業農家が圧倒的に高く、78.2％となっていますが、年金等の収入も80万円（14％）あります。準主業農家の平均農業所得はわずかに59万円、農家所得の10％に過ぎません。それに比べて年金等収入は122万円と主業農家のそれより多く、農外所得が7割を占めています。副業的農家にいたっては年金等収入が208万円、農外所得231万円とほとんど差がありません。農業所得は32万円と農家所得の6.7％しかありません。農家の農業への依存度はきわめて低くなっています。

　主業農家、準主業農家、副業的農家別に生産している作物を見た場合、農業生産額からすると米は主業農家で38.3％しかなく、準主業農家は24.4％、副業的農家で37.3％と主業農家の米への依存度は低いのです〈図8〉。

　単一経営では米は主業農家の8.5％でしかなく、副業的農家が62.1％で、稲作所得で家計費をもちろん充足しているわけではありません。副業的農家では物財費が賄えさえすれば、主食であることから生産を続けているのです。他方、畑作は米と比べれば主業農家による単一経営が多く32.9％となっていて、産出額の81.8％が主業農家で占められています。専業化が進んでいる分野です。ただ、畑作の主業農家の大部分は北海道であり、地域的特性でもあります。

　施設野菜は単一経営としては主業農家の7割を占め、産出額の8割が主業農家で生産されています。酪農も施設野菜と同様に主業農家によって供給されていて、産出額の95％が単一経営でそのうちの89％が主業農家です。もっとも主業農家によって担われている分野ということが出来ます。果樹は準主業農家、副業的農家による場合

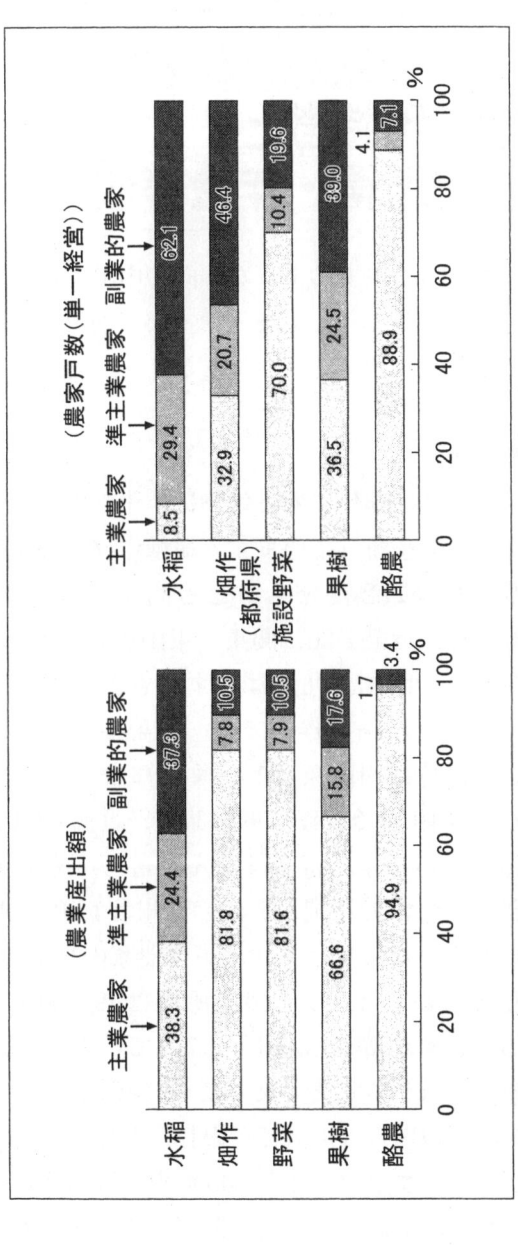

〈図8〉 主な品目別にみた主副業別の割合（2005年）

(農業産出額)

	主業農家	準主業農家	副業的農家
水稲	38.3	24.4	37.3
畑作	81.8	7.8	10.5
野菜	81.6	7.9	10.5
果樹	66.6	15.8	17.6
酪農	94.9	3.4	1.7

(農家戸数（単一経営）)

	主業農家	準主業農家	副業的農家
水稲	8.5	29.4	62.1
畑作（都府県）	32.9	20.7	46.4
施設野菜	70.0	10.4	19.6
果樹	36.5	24.5	39.0
酪農	88.9	7.1	4.1

(資料) 農林水産省「農業経営統計調査（経営形態別経営統計）」、「経営形態別経営統計（個別経営）」、「農林業センサス」
(注) 1) 農業産出額の主副業別シェアについては「農林業センサス」、「経営形態別経営統計（個別経営）」より推計
2) 畑作には、麦類作、雑穀・いも類・豆類、工芸農作物を含む。

5. 農業生産と農業所得の現状

が多く、単一経営で64％占めています。果樹等の主業農家は36.5％で産出額の66％近くを生産しています。

③ 地域別特徴と農業所得・年金等収入の動向

農業経営の以上のような傾向の中で、地域別の動きを見ておきましょう。主業・準主業・副業的農家の分類で見てみます。

① **主業農家**

主業農家は稲作以外の作物に特化していますが、地域ごとに特徴を持っています。耕種作物でいえば、米は北陸が特化係数2.79ともっとも高く、ついで東北1.68、中国1.37、近畿1.26、関東・東山0.85となっています。東海・中・四国、九州はいずれも0.5から0.6となっていて、完全に副業作物です。野菜は関東・東山が1.51と高く、特に南関東は1.83までになっています。次にくるのは四国で1.47、東海1.16、近畿1.03、九州0.95と続いています。畜産はなんと言っても北海道が1.53と高く、ついで沖縄が1.42、九州は1.30、中国が1.11、東北0.91となっています。主業農家の平均農家所得は、06年で598万円、うち農業所得は495万円、農外所得38万円、年金等が65万円となっています。04年で統計調査のシステムを変えているので接続は出来ませんが、主業農家の場合は地域ごとの特徴が作目・規模によって異なってきます〈表20〉。03年まではいずれの地域でも農家所得は上がっていましたが、農業所得も中・四国・九州を除いて上昇していたのです。しかし、農外所得は

いずれも低く北陸・東北を除いて、100万円を超えていません。年金等収入は農業経営関与者以外の者を加えていた03年までの実態を見ると北海道で378万円、中国259万円、東北229万円、北陸197万円、東海180万円、九州179万円と農家所得の2割を超える水準になっています。04年以後は農業経営関与者を対象としたことから、農業就業者以外の年金取得者と家族の中で働いている息子や娘の農外所得は入らなくなっていますが、06年までのわずか3年で年金収入が増えているのがわかります。高齢化の進ちょくの度合いが早いのです。04年以後の農外所得の動きは、ほとんど100万円以下で、北海道・北陸・東海が50万円を超えているに過ぎません。主業農家の地域間格差は作物による差が大きく、自然条件に規制されているのです。問題なのは高齢化に伴う年金等の収入で、この部分が農業経営関与者を除いても少しずつ増えていることに、農村部での社会福祉政策のふくらみを感じざるを得ないのです。

② 準主業農家

　主業農家の変化に比べ準主業農家も大きく変わっています〈表21〉。北海道では米が最も多く、ついで野菜、酪農、イモ類となっています。東北は野菜が1位、米が2位、果樹が3位です。北陸は米が1位、ついで果樹が続き3位は養鶏、4位野菜です。関東・東山は野菜が1位、2位米、3位花き、4位果樹です。東海は1位野菜、2位花卉、3位米、4位果樹。近畿はもちろん野菜が1位、2位米、3位果樹、4位養豚。中国は果樹が1位、2位野菜、3位米、4位養鶏。四国は果樹が1位、2位野菜、3位養豚、4位養鶏、5位米です。九州は1位が養鶏、2位果樹、3位野菜、4位米、5位養豚と多様な作目

となっているのです。米は必ず含まれているものの、あとの作物は地域にあったものとなっています。

　農家所得を見ると近畿・東海など都市化した地域と米地域では所得が1000万円を超え、勤労者世帯を上回るものとなっています。そのうち農外所得が600万円から700万円になっています。家計は農外所得で十分満たされています。農業所得は北陸・近畿・東北・関東・東山が200万円前後の数字を示し、農家所得の10％を占めています。しかし、このところ低落傾向です。年金等の収入についてはいずれの地域でも大きくなっていて、03年で150万円を超え、04年度は農業経営関与者以外が除かれるので減っています。ただ、東北、近畿、四国などは06年には再び100万円を越えてきています。

③　副業的農家

　副業的農家は都市化地帯で多く、収入も700万円を超えています。でも、東北、中・四国、九州では600万円と開きがあります〈表22〉。主要な農業所得は5％にも満たないほどです。したがって、農外所得の差が農家所得の差となっています。農外所得は北海道では年金等収入より低く、就労機会の少なさを示しています。農外所得は準主業農家の場合と同様、最近はどの地域においても一貫して低下してきて04年以後も続いています。都市化地帯の近畿は670万円から550万円に、関東は560万円から490万円に落ち、北陸のみが横ばいとなっています。一方、東北では03年までは540万円から450万円、中・四国・九州では400万円から300万円台となり、04年以後は半減しています。農外所得は地域の賃金格差を直接反映しているのです。年金等収入は03年までは120万円から250万円の幅で取得していました

が、04年度以後は就農者と非就農者との差が見られ、就農者の年齢の差等で北海道、東北が減っています。近畿、中・四国、九州などは高齢の就農者が多く、あまり減っていません。年金等収入は04年以後、就農者以外を除いた額として東北、北陸、関東などで減ってきますが、その後はまた増えています。都市でも高齢化は進んでいるのです。

　これまで見てきたように、主業農家は米以外の作物で専業化の傾向があるものの、常に規模拡大が迫られており、不安定な経営が続いています。米は2ha以下の準主業・副業的農家によって担われていて、労働に耐えられれば、物財費ぎりぎりのところまで作り続ける状況なのです。その意味でも転作の下で作られている麦・大豆をはじめとした耕種作物はぜい弱な生産条件の下にあるのです。主業農家以外の農家は地域の就業機会や景気の変動に敏感に反応しています。米を担っている準主業農家・副業的農家が農外所得に頼っていて、地域間格差は農業所得格差ではなく、そのまま地域の賃金格差となっているからです。年金等収入が農家所得の大きな部分を占めるようになっていて、高齢化とともに農家経営から離れていくことを地域の危機と感じてはいながら身動きが出来ないのです。

④ 農業生産組織と集落の後退

　主業・準主業・副業的農家に分けた農家分類においても、主業農家の所得は伸びていません。

〈表20〉 主業農家の地域別農家所得等の推移

(単位：1,000円)

		2000	2001	2002	2003	2004	2005	2006
北海道	農業所得	5,648	6,668	7,578	7,770	8,591	6,885	7,537
	農外所得	634	718	634	695	545	490	488
	年金等収入	2,758	2,465	3,316	3,786	452	383	382
	計	9,040	9,851	11,528	12,251	9,588	7,758	8,407
東北	農業所得	4,450	4,487	4,274	4,385	4,194	3,863	4,185
	農外所得	1,241	1,214	1,219	1,121	411	468	453
	年金等収入	1,989	1,764	2,038	2,295	1,295	592	700
	計	7,680	7,465	7,531	7,801	5,855	4,923	5,338
北陸	農業所得	6,211	4,832	5,878	6,370	6,174	6,336	5,642
	農外所得	1,648	1,256	1,363	1,711	906	839	707
	年金等収入	1,942	1,775	2,591	1,976	485	659	573
	計	9,801	7,863	9,832	10,057	7,565	7,834	6,922
関東・東山	農業所得	6,062	5,562	5,466	5,797	5,069	4,652	5,169
	農外所得	1,098	967	958	973	253	271	259
	年金等収入	1,604	1,684	1,677	1,386	657	660	601
	計	8,764	8,213	8,101	8,156	5,979	5,583	6,029
	農業所得	7,889	6,669	6,556	6,925	6,263	5,651	6,171

5. 農業生産額と農業生産所得の現状

東海	農外所得	1,305	1,424	1,135	1,394	559	389	556
	年金等収入	1,560	1,272	1,674	1,803	789	853	931
	計	10,754	9,363	9,365	10,122	7,611	6,893	7,658
近畿	農業所得	6,547	5,816	6,614	5,926	5,276	5,121	4,859
	農外所得	914	724	514	836	455	297	213
	年金等収入	1,519	1,505	1,706	1,383	679	938	870
	計	8,980	8,045	8,834	8,145	6,410	6,356	5,942
中国	農業所得	4,425	3,602	3,610	2,765	2,837	4,219	3,535
	農外所得	1,031	744	787	625	220	434	343
	年金等収入	1,593	1,469	2,496	2,508	2,518	1,108	1,129
	計	7,049	5,815	6,893	5,898	5,575	5,761	5,007
四国	農業所得	4,145	3,560	3,659	3,261	3,772	3,704	3,877
	農外所得	714	612	659	841	382	392	315
	年金等収入	1,688	1,442	2,060	1,702	831	667	713
	計	6,547	5,614	6,378	5,804	4,985	4,763	4,905
九州	農業所得	5,097	5,123	4,500	4,831	4,407	4,490	4,144
	農外所得	827	763	644	633	390	370	322
	年金等収入	1,568	1,627	1,765	1,790	468	489	554
	計	7,492	7,543	6,909	7,254	5,265	5,349	5,020

（資料）農水省「農業経営統計調査報告」2000年度～2006年度より作成。
（注）2003年と2004年で調査の方法がかわっている。数字の急激な変化はそのことによる。（以下同じ）

〈表21〉 準主業農家の地域別農家所得等の推移

(単位：1,000円)

		2000	2001	2002	2003	2004	2005	2006
北海道	農業所得	236	296	415	865	524	511	△ 1,206
	農外所得	3,639	2,418	2,590	3,810	2,365	2,116	1,073
	年金等収入	4,468	3,315	3,990	4,672	370	423	613
	計	8,343	6,029	6,995	9,347	3,259	3,050	480
東北	農業所得	1,729	1,854	1,506	1,436	1,068	933	1,260
	農外所得	4,987	4,410	4,549	3,900	3,743	3,384	3,403
	年金等収入	1,644	1,940	2,199	2,278	535	793	784
	計	8,360	8,204	9,760	7,614	5,346	5,110	5,447
北陸	農業所得	1,726	2,663	1,739	1,832	1,013	1,299	1,600
	農外所得	5,509	6,133	5,117	4,475	2,894	4,907	6,101
	年金等収入	1,870	1,421	1,987	1,870	1,387	878	1,165
	計	8,360	10,217	8,843	8,177	5,294	7,084	8,866
関東・東山	農業所得	2,280	1,779	1,961	1,707	1,105	848	666
	農外所得	7,729	7,284	8,587	6,924	6,207	7,263	5,075
	年金等収入	1,419	1,566	1,328	1,558	941	703	812
	計	11,428	10,629	11,876	10,189	8,253	8,814	6,553

5. 農業生産額と農業生産所得の現状

		2000年度	2001年度	2002年度	2003年度	2004年度	2005年度	2006年度
東海	農業所得	1,518	1,279	2,005	1,796	1,464	1,236	1,590
	農外所得	6,620	6,482	6,319	7,338	4,379	4,354	3,985
	年金等収入	1,334	1,669	1,391	1,272	620	536	890
	計	9,472	9,430	9,715	10,406	6,463	6,126	6,465
近畿	農業所得	2,624	2,548	2,144	1,713	1,293	848	915
	農外所得	6,018	7,143	5,799	5,887	8,251	5,818	5,646
	年金等収入	1,771	1,822	2,909	2,202	621	1,588	2,000
	計	10,413	11,513	10,852	9,802	10,165	8,254	8,561
中国	農業所得	1,308	878	1,225	1,200	683	681	649
	農外所得	6,289	5,147	5,330	5,474	3,415	2,935	4,259
	年金等収入	1,673	1,947	1,909	2,405	2,055	1,588	885
	計	9,270	7,972	8,464	9,079	6,155	5,204	5,793
四国	農業所得	1,490	1,590	1,092	712	564	783	728
	農外所得	3,716	3,769	4,087	4,357	3,905	3,708	3,830
	年金等収入	1,408	1,699	1,844	1,494	663	806	1,941
	計	6,614	7,058	7,023	6,563	5,132	5,297	6,499
九州	農業所得	1,134	995	502	552	340	771	△4
	農外所得	4,638	4,036	3,474	3,404	2,091	2,679	2,843
	年金等収入	1,327	1,574	1,943	1,343	699	713	546
	計	7,099	6,605	5,919	5,299	3,130	4,163	3,385

(資料) 農水省「農業経営統計調査報告」2000年度～2006年度より作成。

〈図22〉 副業的農家の地域別農家所得等の推移

(単位：1,000円)

		2000	2001	2002	2003	2004	2005	2006
北海道	農業所得	302	80	663	823	1,197	1,081	1,200
	農外所得	2,692	2,531	2,242	1,424	1,215	840	863
	年金等収入	2,417	3,310	2,383	2,949	1,569	1,657	1,387
	計	5,411	5,921	5,288	5,196	3,981	3,578	3,450
東北	農業所得	238	247	302	388	400	365	394
	農外所得	5,406	5,308	4,807	4,550	2,362	2,278	2,216
	年金等収入	2,038	2,051	2,130	2,419	1,780	1,757	2,019
	計	7,682	7,606	7,239	7,357	4,542	4,400	4,629
北陸	農業所得	243	293	317	457	391	465	455
	農外所得	6,885	6,703	6,537	6,446	3,431	3,471	3,039
	年金等収入	2,284	2,355	2,363	2,329	1,858	1,629	1,890
	計	9,412	9,350	9,217	9,232	5,680	5,565	5,384
関東・東山	農業所得	280	243	346	440	431	421	448
	農外所得	5,658	5,531	5,389	4,970	2,241	2,311	2,230
	年金等収入	2,297	2,308	2,221	2,147	1,637	1,678	1,765
	計	8,235	8,082	7,956	7,557	4,307	4,410	4,443

5. 農業生産額と農業生産所得の現状

地域	項目							
東海	農業所得	232	156	212	326	284	224	199
	農外所得	6,734	6,378	6,368	5,482	3,184	3,040	2,748
	年金等収入	2,387	2,519	2,526	2,531	2,098	1,920	2,097
	計	9,353	9,053	9,106	8,339	5,566	5,184	5,044
近畿	農業所得	200	140	134	166	136	136	139
	農外所得	6,707	6,599	6,170	5,530	2,137	1,883	1,891
	年金等収入	2,608	2,215	2,361	2,482	2,068	2,514	2,411
	計	9,515	8,954	8,665	8,178	4,341	4,533	4,441
中国	農業所得	127	142	156	199	191	187	297
	農外所得	4,394	3,982	3,957	3,994	2,148	1,970	1,905
	年金等収入	2,733	2,732	2,731	2,622	2,396	2,312	2,605
	計	7,254	6,856	6,844	6,813	4,735	4,469	4,807
四国	農業所得	225	158	192	274	254	216	271
	農外所得	4,967	4,892	4,211	3,610	2,072	2,074	1,881
	年金等収入	2,915	2,439	2,540	2,507	2,061	2,809	2,432
	計	8,107	7,489	6,943	6,391	4,641	5,099	4,584
九州	農業所得	171	224	196	208	134	205	140
	農外所得	4,509	4,042	4,002	3,640	2,786	2,996	2,704
	年金等収入	2,459	2,482	2,619	2,535	1,529	1,638	2,011
	計	7,138	6,755	6,817	6,383	4,449	4,839	4,855

(資料) 農水省「農業経営統計調査報告」2000年度～2006年度より作成。

準主業農家のほうが農家所得は高いのです。しかも主業農家の変動も激しいのです。

農業政策は担い手育成に転換したものの、政策の効果は上がっているとはいいがたいのです。準主業農家・副業的農家においても農業所得の農家所得における比率は低くなっていて、家計は農外所得と年金収入で補われているのです。

とくに年金等収入は、副業的農家では200万円ほどとなっていて、北海道、中・四国地方では農外所得を超えています。70年代まで食糧自給の理念の下で、米価引き上げによって勤労所得との格差が縮小されてきましたが、80年代以後、米をはじめあらゆる農作物の価格が輸入価格との競争にさらされたため、農業所得が低迷しているのです。

米は価格の低落が続くなか、06年からの価格低落対策として経営安定対策を認定農業者と法人に集中させることとしましたが、対象の絞り込みは現実的ではないとの意見もあり、移行措置として集落機能を生かした集落営農の参加を認めることとしています。集落営農で規模のメリットを生かし、合わせて経営安定に備えることが出来るといっています。

他方で米の価格が下がり続ける中で集落機能を生かした生産組織が増えてきています。

地域的には稲作地域が多いのですが、東北の岩手、宮城、秋田などこれまで個別経営による生産が多かった地域や兼業地帯である北陸、都市化地帯の愛知、岐阜など中部、近畿の滋賀、兵庫、九州の福岡、佐賀などです。

集落組織の内容は、機械施設の共同利用、委託を受けて行う農作業組織で、農地の保全と集落の人たちの生活の維持にあります。05年の農林水産省の調査によれば

参加農家は30万戸、その3分の2は2ha以下の農家です。これらの集団はしかし、米価が下げ止まらないうえ、肥料・農薬等、資材価格の高騰のため農作業料金を下げざるを得ないなど苦しい経営が続いています。しかも担い手を含めた人手不足で集落組織が後退し始めているところがあります。

集落機能の低下は、05年の農業センサスによれば(05年センサスから農集落の調査が変わり、林業を含めた農山村地域調査となり、集落機能がなくなっている集落も調査結果の中に入っています。また市街化区域内の集落を除外しているので集落の機能も変わってきている。)、現在、13万9000の農業集落が存在しています。

多いのは関東・東山、九州で2万4776と2万4603ほどあります。ついで中国1万9739、東北1万1688、四国1万1083、近畿1万849、北海道7323です。耕地面積でいえば30ha以下がほぼ7割、中・四国では10ha未満が5割を占めています。

こうした農業集落では棚田、谷地田、ため池を抱える集落が多く、これら地域資源の保全が課題となっています。集落の共同作業で行われてきた作業がだんだん出来なくなってきているからです。

センサスでは農業用排水路では60％ほどの集落機能が保全されているのに、農地の保全は20％となり、放棄地の管理がされていないことを報告しています。個別の農地の放棄に集落として対応できないのが実態なのです。

とくに山間部の集落の後退は激しいので、農地保全の活動は、河川・水路35％、ため池（湖沼）45％、棚田49％で、森林は19％、谷地田20％に過ぎません。集落の4割はこうした集落機能の低下を訴えており、集落の

維持が困難になっているのです。

　先にも述べたように集落営農も困難が付きまとっていますが、集落機能が活用できるところは組織の形態は法人などを形成しない非法人組織が多いのです。米作りも集落の活動の中で、オペレーターとして従事できる農業者を中心に、機械・施設の共同利用、委託を受けての農作業を行っていますが、これらの作業もため池などの水利用と管理における保全活動が前提となっています。集落機能が低下すればこうした作業の共同が保たれなくなるのが普通です。

　最近、「消滅集落」との表現が国土交通省の白書で使われ衝撃を与えましたが、「消滅集落」となる可能性が高いのが、中・四国、近畿、北陸圏となっています。同省の「国土形成計画策定のための集落の状況に関する現況把握調査」によれば、99年以後191集落が無人化、消滅集落となっていて、今後10年間で433集落が消滅すると予測しています。地域をいかにして残していくかが農業政策の大きな使命でもあるのですが、地域格差が広がり地域に人がいなくなるなかで、地域を残す政策の必要性を強く感じざるを得ません。

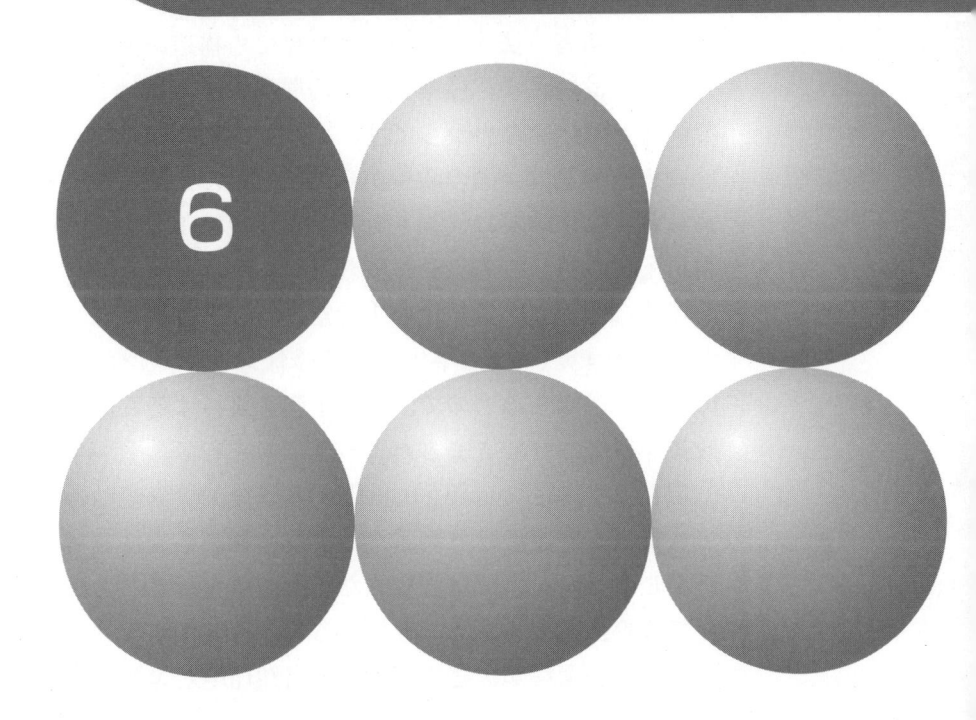

農業政策はこれでよいのか
－心配な改正農地法

6

6. 農業政策はこれでよいのでしょうか
―心配な改正農地法

　これまで繰り返し述べてきたように農業政策は90年代以後変わりました。

　今の農業政策で農業者が守られているとは到底いえません。

　認定農業者・法人など担い手を見ても構造政策が進んでいるとはいえず、産業としての農業の位置づけがされているとはいえないからです。

　いま、農業は、国の政策から地域政策の一部として考えられ、価格政策に代表されるような地域差をなくす所得再配分政策からも大きく離れています。

　農業は明治以来近代化の中で常に置き去りにされてきた分野ですが、1930年代の農業恐慌以来、人々の生活になくてはならぬもので、農業生産を維持するためにも政策を継続させてきました。

　現在、先進国では第2次世界大戦以後、景気変動の際でも景気を安定させる装置として農産物価格支持政策を整備したり、最近では直接的な所得補償を行うことによって食料自給率を高めてきているのが現実です。

　特に地球環境が大きく変わり、自然環境とエネルギーの確保が課題となる中で、食料を外国に頼ることほど不安定なことはないとの認識です。

　最近、中国、韓国、アメリカなどが企業を含め、東南アジアやアフリカの農地を賃貸ないしは買取により確保していることが報道されています。何万ha、何百万haに及ぶ農地の確保はどのような結果を生むのか、戦前の

植民地や中東の紛争を見て、恐ろしささえ覚えます。
そして、同時に、日本の農業政策の崩壊の現状に戸惑いさえ感じます。
これまで見てきたように、日本では米をはじめとした農産物価格政策は2007年以後なくなり、担い手等に限定した直接的な所得政策にしました。しかし、稲作の主業農家はわずか8％、一向に構造政策が進まない中で、ひたすら米の価格は下がり続けています。
いつまでMA米を続けるのでしょうか。いったい、食料自給率はどのようにして上げようというのでしょうか。地球の環境が変化するなかで輸出国が輸出規制を始めているのに、今後も需給は確保できるのでしょうか。
そのうえ、09年6月17日、農地法が改正されました。
1990年代初めから経団連など財界が、株式会社による農業への参入と農地の取得を強力に要求するようになっていたのです。
農業にかかわる農地法の改正は60年代から行われ、90年代でほぼ出尽くしています。92年以後の農地法改正は農業者が求めてもいない、株式会社の農業への参入と農地の取得だったのです。
農業への参入は、98年の農業生産法人への株式会社の参加を突破口とし、03年には「構造改革特別区域法」の特区内で市町村からの貸付に限り株式会社等の参入を認めています。05年には農地リース方式による株式会社の農業参入を認めています。06年以後は農地の取得に狙いが定められていましたが、優良農地へのリース方式の拡大や定期借地権並みの長期の賃借権の設定などが財界から要求されていました。
07年5月、経済財政諮問会議傘下のグローバル化改革専門調査会が①農地の所有と利用を分離し、②利用につ

いての経営形態は原則自由、利用を妨げない限り所有権の移動も自由とすることを提言しました。

これを受けて経済財政諮問会議は「農地改革なくして強い農業なし」と主張、2007年の骨太方針に明記したのです。これらを受けて農地法の改正案は09年2月通常国会に提出され、わずか3ヶ月足らずの審議で成立したのです。

今回の農地法の改正は、明治時代の地租改正、第2次世界大戦後の農地改革に続く農地制度の大改正で、農地の利用を義務づけ、利用できなければ貸すか売却するかを選択させるものです。売却については従来通り厳しい条件を付けていますが、賃借権等の利用権設定によれば、株式会社でも、NPOなどの団体、農業者でなくとも、誰でもどこの農地でも借りられることとしたのです。そのため小作地所有の制限の廃止、標準小作料の廃止に加えて50年という長期賃借権の設定まで決めています。

今後、農地の流動化はいろいろな様相を呈して行われるようになりますが、そのなかでも実質、農業的に大きな影響が出ると思われる改正点は、農業生産法人についての出資制限の緩和で、これまで株式会社の農業生産法人への参加には、農業従事などの厳しい制限がつけられていたのが、容易に株式会社が農業生産法人になることが出来、実質農地の取得も可能になったことです。

早くも大手量販店、商社、自動車会社まで、市町村からの農地賃貸を行うことが公表され、農家を雇って農産物の生産を行うとしています。

政府が進める担い手づくりの構造政策はこれでも進むのでしょうか。

それとも農業は株式会社にやらせるほうが効率的とい

うことなのでしょうか。

　市町村によるアウトレットの誘致競争同様、地域活性化のためと称して率先して農地を市町村が集約し、企業を農業で誘致することも起こりかねません。賃借権から所有権の取得への道は早いでしょう。となると、農産物価格が低迷するなか、農地が企業などに安く貸し出され、揚げ句の果てに買われていくことになります。農業はまさに、大きな分かれ道に来ている感じがします。

　日本の農業政策は、経済全体の動きの中で常に主たる産業と企業振興の勢子（せこ）の役割だったといえます。

　農家をはじめ消費者も農業から離れていくこと、農村から都会に出て行くことが進歩と考える傾向は、明治以来払しょくされているとはいえません。

　しかし、農業の役割はもうとっくに異なった様相を呈しています。農業政策は個々の農家を残すことでは残りません。特に水利を持った稲作では人々の協力によってしか成り立ちません。

　したがって国としてのコンセプトをしっかり持って政策を講じなくてはならないのです。

　もう一度自治体を含めたしっかりとした政策の確立を一日でも早く実現したいものです。

6. 農業政策はこれでよいのでしょうか

●著者紹介

石原　健二（農学博士）

　埼玉大学理学部卒業
　全国農協中央会に勤務。農政課長、営農部長、中央協同組合学園部長を経て、1996年東京大学より農学博士授与。
　1999年（社）国際農林業協力会常務理事。
　2002年立教大学経済学部教授（2007年退任）。

　主な著書に、「農業政策の終焉と地方自治体の役割―コメ政策・公共事業・農業政策」（農山漁村文化協会、2008）、「農業予算の変容―転換期農政と政府間財政関係」（農林統計協会、1997）など。

コパ・ブックス発刊にあたって

　いま、どれだけの日本人が良識をもっているのであろうか。日本の国の運営に責任のある政治家の世界をみると、新聞などでは、しばしば良識のかけらもないような政治家の行動が報道されている。こうした政治家が選挙で確実に落選するというのであれば、まだしも救いはある。しかし、むしろ、このような政治家こそ選挙に強いというのが現実のようである。要するに、有権者である国民も良識をもっているとは言い難い。

　行政の世界をみても、真面目に仕事に従事している行政マンが多いとしても、そのほとんどはマニュアル通りに仕事をしているだけなのではないかと感じられる。何のために仕事をしているのか、誰のためなのか、その仕事が税金をつかってする必要があるのか、もっと別の方法で合理的にできないのか、等々を考え、仕事の仕方を改良しながら仕事をしている行政マンはほとんどいないのではなかろうか。これでは、とても良識をもっているとはいえまい。

　行政の顧客である国民も、何か困った事態が発生すると、行政にその責任を押しつけ解決を迫る傾向が強い。たとえば、洪水多発地域だと分かっている場所に家を建てても、現実に水がつけば、行政の怠慢ということで救済を訴えるのが普通である。これで、良識があるといえるのであろうか。

　この結果、行政は国民の生活全般に干渉しなければならなくなり、そのために法外な借財を抱えるようになっているが、国民は、国や地方自治体がどれだけ借財を重ねても全くといってよいほど無頓着である。政治家や行政マンもこうした国民に注意を喚起するという行動はほとんどしていない。これでは、日本の将来はないというべきである。

　日本が健全な国に立ち返るためには、政治家や行政マンが、さらには、国民が良識ある行動をしなければならない。良識ある行動、すなわち、優れた見識のもとに健全な判断をしていくことが必要である。良識を身につけるためには、状況に応じて理性ある討論をし、お互いに理性で納得していくことが基本となろう。

　自治体議会政策学会はこのような認識のもとに、理性ある討論の素材を提供しようと考え、今回、コパ・ブックスのシリーズを刊行することにした。COPAとは自治体議会政策学会の英略称である。

　良識を涵養するにあたって、このコパ・ブックスを役立ててもらえれば幸いである。

　　　　　　　　　　　　　自治体議会政策学会　会長　竹下　譲

COPABOOKS
自治体議会政策学会叢書
農業政策の変遷と自治体
―財政からみた農業再生への課題

発行日	2009年10月20日
著　者	石原健二
監　修	自治体議会政策学会©
発行人	片岡幸三
印刷所	株式会社シナノ
発行所	**イマジン出版株式会社**

〒112-0013　東京都文京区音羽1-5-8
電話 03-3942-2520　FAX 03-3942-2623
http://www.imagine-j.co.jp

ISBN978-4-87299-526-8　C2031　￥1000E
落丁・乱丁の場合は小社にてお取替えいたします。